U0168000

C语言程序设计基础题解与实训指南

李辉勇　孙　青　宋　友　编著

北京航空航天大学出版社

内 容 简 介

C语言程序设计作为一门实践性很强的基础课程,在培养学生计算思维能力方面具有重要作用。本书面向程序设计初学者,以强化计算思维表达能力培养为目标,提高学生解决实际问题的逻辑思维能力。内容汇集了北京航空航天大学"程序设计基础训练"和"C语言程序设计"课程组多年实践教学的程序设计训练题集与题解分析,难度由浅入深、循序渐进。知识点覆盖了C语言编程环境与基本方法、基本数据处理、结构化编程、函数及其应用、数组与字符串及应用、指针及其应用、结构与联合以及I/O和文件操作等,集知识性、趣味性于一体。此外,在北京航空航天大学 Online Judge(OJ)编程平台开设了程序设计训练专版(https://accoding.cn/index),便于使用本书的读者实践练习。

本书可作为计算机、软件等信息类专业程序设计实践环节的基础教材,也可以作为非信息类专业学生和程序设计爱好者的程序设计入门及提高训练教材。

图书在版编目(CIP)数据

C语言程序设计基础题解与实训指南 / 李辉勇,孙青,宋友编著. -- 北京 :北京航空航天大学出版社,2021. 2
ISBN 978 - 7 - 5124 - 3455 - 4

Ⅰ. ①C… Ⅱ. ①李… ②孙… ③宋… Ⅲ. ①C语言-程序设计-教材 Ⅳ. ①TN312.8

中国版本图书馆 CIP 数据核字(2021)第 037075 号

C语言程序设计基础题解与实训指南
李辉勇 孙 青 宋 友 编著
策划编辑 陈守平 责任编辑 陈守平
*
北京航空航天大学出版社出版发行

北京市海淀区学院路 37 号(邮编100191) http://www.buaapress.com.cn
发行部电话:(010)82317024 传真:(010)82328026
读者信箱:goodtextbook@126.com 邮购电话:(010)82316936
北京九州迅驰传媒文化有限公司印装 各地书店经销
*
开本:787×1 092 1/16 印张:14.75 字数:378 千字
2021 年 3 月第 1 版 2022 年 9 月第 2 次印刷 印数:2 001～2 500 册
ISBN 978 - 7 - 5124 - 3455 - 4 定价:45.00 元

前　　言

在面向新工科的人才培养改革中,要求高等教育培养的人才具备工程思维、设计思维和数字思维的系统性计算思维能力,具备融合学科交叉知识解决复杂工程问题的实践能力。在这样的人才培养要求下,程序设计课程不仅仅是计算机、软件工程等信息类专业的必修基础课,也必将成为所有工科专业的基础课程,它的重要性甚至将与数学、物理等传统的基础课程相当。通过学习程序设计课程,培养学生的计算思维;在深入理解计算机相关专业知识的基础上,培养学生解决复杂工程问题的能力,这在面向满足社会需要和适应智能化技术发展的人才培养方面具有重要意义。

C语言程序设计作为一门实践性很强的程序设计基础课程,在培养学生计算思维能力方面具有重要作用。因此,编写一本侧重培养学生计算思维,以程序设计实践为主的程序设计类实训教程对于培养适应工业化、信息化、智能化的新形势专业人才尤为重要。本书力求充分结合程序设计课实践性非常强的特性,以强化计算思维表达能力和良好的代码书写习惯培养为目标,突出计算思维训练,提高学生解决实际问题的逻辑思维能力。本书内容汇集了北京航空航天大学"程序设计基础训练"和"C语言程序设计"课程组多年的实践教学内容,实训题目由浅入深、循序渐进,有一定的覆盖面,集知识性、趣味性于一体。本书可以作为计算机、软件等信息类专业程序设计实践环节的基础教材,为后续"数据结构""算法分析与设计"等课程的学习奠定基础;也可以作为非信息类专业学生和程序设计爱好者的程序设计入门与提高训练教材。

本书力求培养学生两方面的能力,一方面是培养学生掌握C语言的基本概念、各种数据类型、输入输出、控制结构、函数、数组、指针、文件等语法及语义基础的能力;另一方面是通过程序设计训练,培养学生分析问题、解决问题的能力。帮助学生了解结构化程序设计思想,学习程序设计方法、技巧、风格,从而提升学生程序设计能力,养成良好的编程习惯,获得良好的程序设计学习起点,为后续学习专业理论和专业高级应用课程提供必要的计算思维和程序设计能力,为专业领域的创新活动奠定坚实的基础。

本教程共9章。第1章主要介绍C语言编程环境和基础的程序设计流程,是程序设计的基础;第2~8章包括C语言的核心知识点及其程序设计要点,每一章主要由本章重难点回顾、精编实训题集、题集解析与参考程序和本章小结组成。其中,本章重难点回顾以知识结构图的形式直观地展现了本章重难点内容,让读者一目了然地看清本章知识点以及各知识点间的关联,并针对本章的重点难点知识进行解析,同时总结常见问题。实训题集是每章的主要内容,每一个上机题目都是课程组精心编写、集知识性和趣味性于一体的小案例,可有效提高读者的编程兴趣。题集解析与参考程序包括解题思路与参考例程。第9章是综合训练,重在训练和培养学生分析问题和解决问题的综合能力。本书共精选140余道编程题目,基本涵盖了典型的C语言程序设计基础知识点和要点,熟练掌握并灵活运用这些例程,对编程基础能力训练将有很大帮助。

本书的主要特色之一是基于自主开发的北京航空航天大学 Online Judge (OJ)系统(ht-tps://accoding.cn/index)开设了程序设计训练专版,覆盖了本书所有题目及其扩展题目,方便使用本书的教师和学生实践练习。此外,OJ 上包括了更丰富的课程(包含 Python、C 语言程序设计,数据结构,算法分析与设计等),题库中包括的题目数量更加丰富,远超本书的范围,涉及的知识面也更加广阔,难度分布也很宽。读者在进行本教程的训练时,可根据需要选择相应的课程,完成更高级的编程训练和挑战。

本书是笔者所在的教学团队在程序设计类课程多年实践教学工作基础上的一个总结。主要编写人员有:李辉勇、孙青、宋友,课题组任课老师荣欣、刘禹、肖文磊、王君臣、方宁、路新喜、谭火彬、李莹、任磊、宋晓、陈高翔、李可、邓志诚、樊江、张勇和谢凤英,以及历届课程助教都参与了本书题目的设计、题解编写、例程测试等工作,没有大家的付出,无法完成本书的编写。在此谨表示诚挚的谢意。

受限于笔者之能力,加之时间仓促,书中难免存在一些不足和错误之处,恳请读者批评指正,使之完善提高。

笔　者

2020 年 10 月于北京

目　　录

第1章　C语言编程环境与基本方法

1.1　C语言程序的基本概念及组成

1. 基本概念

C语言：简言之,C语言是一门面向过程、抽象化的通用程序设计语言或编程语言。

C编译器：将C语言源程序编译、链接成可执行程序的软件,如：GCC、Turbo C(很古老但很经典的一款)、Microsoft C等。

C编程环境：集成了编辑器、编译器、调试器等的集成开发环境(integrated development environment,IDE),例如：Visual Studio、Eclipse、Dev－c＋＋、Code Blocks。

2. 一个简单的C语言程序

下面以一个简单的C语言程序为例来介绍其基本组成。

```
/* file: hello_world.c */
//file: hello_world.c
#include <stdio.h>

int main()
{
    printf("Hello World! \n");
    return 0;
}
```

该程序运行后会在屏幕上显示(又称为输出或打印)一行字符串"Hello World! "。

对该程序的解释如下：

注释行或注释块：/* 注释语句 */(被注释的语句不会对程序运行产生影响,只是作为提示信息方便阅读理解程序)。

C语言风格的注释行(单行注释)：//注释语句(//可以一次注释一行的语句)。

预处理指令#include：载入文件stdio.h,标准库输出函数printf在文件stdio.h中定义。(在编写程序时会用到各种各样的已经实现好了的库函数,需要在文件开头用#include<…>语句来引用这个文件,进而才能使用其中的库函数),预处理指令 #include 会在编译前的预处理阶段,把整个 stdio.h 文件替换到 #include 语句的位置。

程序入口(主函数main)：仅有一个(程序运行时会直接运行main主函数)。

函数function(函数的基本形式)：函数头包括返回值类型、函数标识符(函数名)、函数参数列表。int main() 中,int 为返回值类型,main 为函数标识符,括号里面是参数列表(此处为

空）。大括号及其里面的内容称为函数体,函数的表示形式如下:

```
返回值类型 函数名(参数列表)
{
    函数体的语句
}
```

标准库函数:printf,作用为依照给定的格式输出数据。

字符串:"…"(用" "包含的这些字符被视为字符串,是 C 语言中的一种数据结构)。

转义符(格式控制符号):\n(\为标识转义字符开始,部分\加字符有特殊的意义,比如\n表示输出一个换行,即从下一行继续输出)。

分号:表示一条 C 程序语句的结束。

函数返回正确值并退出:return 0,返回给调用者 0 值,通常约定返回 0 表示程序正常结束。

1.2 常用 IDE 介绍

IDE 是用于提供程序开发环境的应用程序,一般包括代码编辑器、编译器、调试器和调试器和图形用户界面等工具,集成了代码编写、分析、编译、调试等一体化的软件开发服务功能。其环境配置流程为:下载 IDE 软件并安装、更改基本设置(界面语言、环境设置等)、学习该IDE 的创建项目(文件)过程、编写代码、编译运行及调试。对于程序设计初学者,常用的 IDE工具主要有:Dev-C++、Code blocks、Visual Studio Code 等。

1. Dev-C++基本介绍

首先,从官网获取最新版本(此处以 Dev-Cpp 5.11 TDM-GCC 4.9.2 为例)。双击软件开始安装,默认语言为"English"(后面可以改为中文,这里建议保持不变),不做改动单击"OK"按钮→同意使用协议"I Agree"→使用默认设置直接"Next"→"Install",如图 1.1 所示。

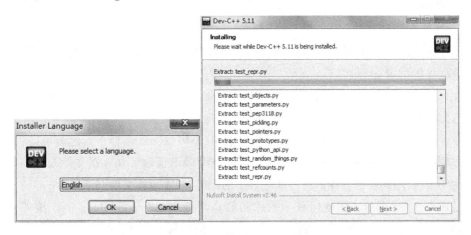

图 1.1 Dev-C++安装时选择语言

建议使用默认路径,安装完成后打开,在语言设置中选择简体中文(依据个人习惯,也可保持默认的英文设置),自行完成字体颜色等的设置,如图 1.2 所示。

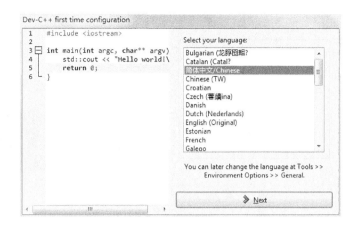

图 1.2 安装时进行个性化设置

为了优化代码补全功能,需要缓存一些头文件,此处采用默认设置,缓存最常用的 C 语言程序库的一些头文件。如果需要更多其他的头文件或者自己编写的头文件可以另行添加。

完成上述配置后,可以开始新建一个程序。首先,新建一个项目,在菜单中选择"文件"→"新建"→"项目",在新项目对话框选择"Console Application",并选择 C 项目(若用 C++语言,则选择 C++项目),在名称文本框输入一个项目名称,默认值是"项目 1",本例中更名为"test",如图 1.3 所示。

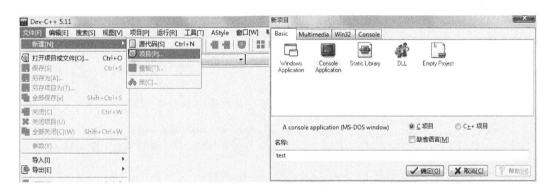

图 1.3 在 Dev-C++中新建一个项目

可以在自动生成的 main. c 文件中编写代码,也可以通过"文件"→"新建"→"源代码"新建一个源代码文件,然后编写代码,并保存为后缀名为. c 的文件。此处在自动生成的 main. c 中编写代码。完成之后在菜单"运行"中选择"编译"开始程序编译(该功能的快捷键为"F9")。在菜单"运行"中选择"运行"开始执行程序(该功能的快捷键为"F10"),或者单击"编译运行"(该功能的快捷键为"F11"),程序的执行结果会显示在命令行界面中,如图 1.4 所示。

2. Code Blocks 基本介绍

首先,在官网找到下载网址(推荐下载带有编译器版本的,否则自己需要再次下载安装编译器),如果是 Windows 系统,建议下载 Code Blocks-17. 12mingw-setup. exe 版本。安装的时

图 1.4　在 Dev-C++中编译运行程序

候同样一直选择默认选项即可,不建议修改默认安装路径。安装完成后,打开软件,通过 File
→New→Project 菜单新建项目,或者直接使用下面的 Create a new project 新建项目,如
图 1.5 所示。

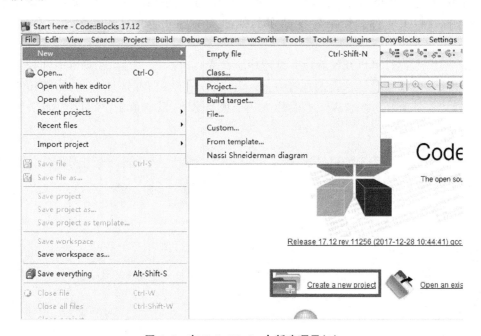

图 1.5　在 Code Blocks 中新建项目(1)

项目类型选择 Console application,并选择源码类型,这里选择 C,表示使用 C 语言,如
图 1.6 所示。

为新建工程设置保存路径,并为工程命名,整个路径名称都建议设为英文,如图 1.7
所示。

单击“Finish”按钮完成创建。创建完成后,会自动生成 main.c 文件,可以直接进行代码
编写。完成自己的代码编写后,通过编译、运行就可以执行自己的程序了,如图 1.8 所示。

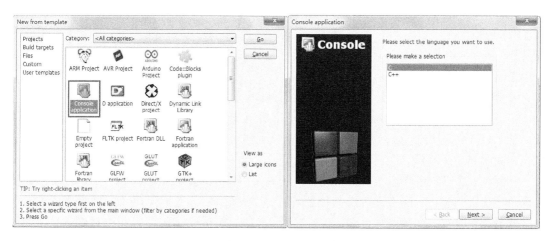

图 1.6　在 Code Blocks 中新建项目(2)

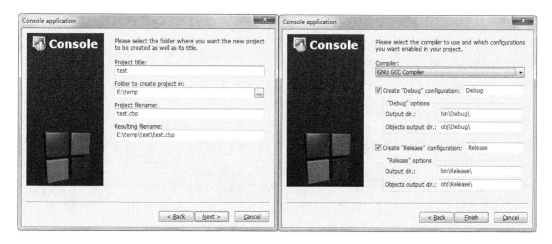

图 1.7　Code Blocks 中选择工程文件保存的路径

图 1.8　在 Code Blocks 中编译运行程序

1.3　C 语言编程的几个基本步骤

C语言编程分为如下几个基本步骤：

步骤一：编辑。程序设计人员首先分析问题,然后用程序语言对其进行描述。

步骤二：预处理。主要对包含语句 ♯ include、宏语句 ♯ define 及其他预处理指令进行处理。例如,编译器会把包含语句 ♯ include 所包含的头文件整体放到源文件开始,把 ♯ define 定义的宏进行文本替换。

步骤三：编译。编译器会对代码进行语法查错,然后生成目标文件。如果出现语法错误,编译程序会给出错误地方和错误原因提示,用户应根据提示仔细检查,并对代码进行修改。

步骤四：链接。链接器对目标文件进行装配,例如将 printf 的实现与上述编写的程序进行链接,生成可执行文件(Windows 下为 *.exe 文件)。

步骤五：载入。将可执行的程序载入内存,准备执行。

步骤六：执行。CPU 载入可执行文件,执行程序,并在终端(命令行界面)中与用户交互(显示相应的输入\输出信息)。

上述步骤的流程如图 1.9 所示。

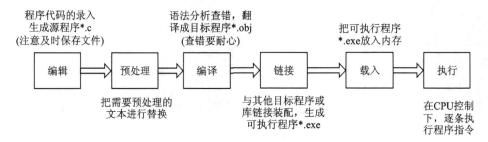

图 1.9　C 语言编程流程

1.4　C 语言编程的常见错误

C语言编程的常见错误主要包括：语法错误和语义错误。语法错误是指违反 C 语言规则的错误,一般在编译或者链接时,语法错误都会报错导致代码无法编译。语法错误主要包括 error(严重错误,会导致程序无法运行,必须进行修正)和 warning(警告,容易出现错误的地方,应多注意是否存在问题,警告的情况下可以运行程序但可能存在风险)。语义错误,也可以叫作逻辑错误,即所设计的程序代码符合 C 语言的规范,不会出现编译/链接的错误,但是在逻辑上有错误不能满足需求。

1. 常见的语法错误

(1) 错误 1。

```
char c = "a";
```

上述赋值表达式中,c 是一个字符,而这里 a 的写法是把 a 当作一个字符串,正确的写法应该是：

```
char c = 'a';
```

（2）错误2。

```
int a;
scanf("%d",a);
```

scanf("%d",…)会把一个整数读入相应的内存中,所以用 & 取地址,才能把整数的值读到 a 中,a 才会表示读入的那个整数,正确的写法应该是：

```
int a;
scanf("%d",&a);
```

（3）错误3。

```
if(a = b) …
```

一个等号(=)是赋值语句,而不是判断语句,这里会直接把 b 赋值给 a,然后表达式返回 a 的值,而不是进行 a 和 b 的值是否相等的判断,正确的写法应该是：

```
if(a == b) …
```

（4）错误4。

```
for(... ; ... ; ...)
  ... ;
  ... ;
  ... ;
```

对于 for 语句(while 语句、if 语句等类似),如果后面不加大括号,那么它的有效范围将只包括后面的第一条语句,如果 for 语句的循环体中要执行多条语句,则需要用大括号括起来,正确的写法应该是：

```
for(... ; ... ; ...)
{
    ... ;
    ... ;
    ... ;
}
```

2. 常见的语义错误

（1）错误1。

```
int a[100];
a[100] = 1;
```

在定义语句"int a[100];"中,定义的数组 a 包括 100 个元素,分别是 a[0],a[1],…,a[99],不包括 a[100]。在数组元素访问时,这里尝试对数组元素赋值"a[100]=1;",其中 a[100]属于数组越界,是非法位置。而非法位置越界通常会访问其他地方定义的数据,这可能会引起程序崩溃,所以要特别注意数组的大小,一般把数组开得比要求略大一点,避免边缘情况下越界。

（2）错误 2。

```
for(... ; ... ; ...);
.........
```

在 for 语句后面直接跟分号，程序不会报错，表示循环体里没有语句。有时，一些循环功能都在循环条件里实现了，这种用法也比较常见。但大多数时候，循环的功能是在循环体里实现的，此时如果在循环条件后面多加了分号，这种错误很难检查出来，这样会导致运行情况跟预期出现巨大偏差。这种情况只有使用 debug 功能进行逐条语句跟踪才可能发现错误。

（3）错误 3。

有些错误与运算优先级有关。例如，a＋b/d，这个语句会先计算 b/d 再加上 a，因为 ＊ 和/ 的优先级高于＋和－。同时，运算符还包括关系运算、逻辑运算、位运算等，虽然加减乘除以及求余可能不会出错，但在较复杂的复合运算情况下很容易出现运算的优先级错误。

对于这类错误，建议多查询优先级情况表，在不清楚优先级的情况下，多使用小括号（）来保证运算的优先级遵循自己的想法。

1.5 C 语言程序调试简介

调试（Dubug）程序并跟踪程序的运行过程，是初学者发现程序的逻辑错误或者隐藏缺陷的有效途径，也是程序员的基本功之一。常用的调试策略有以下两种。

1. 在程序运行过程中，输出相关变量值来检查

可以在程序运行的过程中，加上 printf 来输出中间运算结果。比如当一段程序运行出现错误时，可以将其分成三段，加两个 printf，这样就可以从结果来分析具体是哪一段代码出现了问题。也可以输出觉得有问题的中间运算结果以检查数据，比如当发现数组 a 的值出现了差错，可以在程序中对 a 进行改动的地方用 printf 输出 a 的值，检查哪儿的输出不符合情况。这种方法可以有效地快速定位问题的位置，对于调试有极大帮助。

2. 使用调试运行功能

借助断点可以很方便地使用调试运行功能发现和定位程序中可能存在的问题。对程序进行断点标注后，程序运行到断点处会自动停止，此时可以查看输出结果，查看当前情况下的变量情况等，可以让程序逐条逐块、一步步地运行，哪一步出错了，能快速找到问题所在。

以 Code Blocks 为例，介绍程序基本的调试方法。使用 Code Blocks，必须是在工程（Project）下的源代码才能进行调试，以单个文件形式打开的源程序文件不能进行调试（但 Dev-C＋＋可以）。

如图 1.10 所示是在 Code Blocks 下设置断点调试程序的界面。首先，把位置①改为"De-bug"模式；然后在位置②设置断点，设置成功后，该行会有一个小红点；单击位置③处的调试按钮；单击位置④执行下一行程序；然后可以单击位置⑤处 Watches 查看变量情况。还可以在位置⑥所示的 Watches 中增加需要关注的变量，实时观测变量的值，便于判断程序的正确性以及定位程序出错的位置。

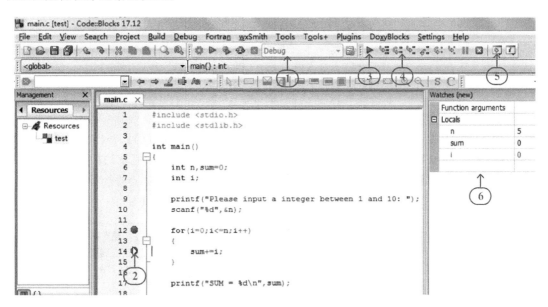

图 1.10　在 Code Blocks 下设置断点调试程序

调试(Debug)的功能非常强大,读者在学习过程中要特别关注,掌握并用好该功能将有助于快速定位和解决程序中存在的问题。

第 2 章　基本数据处理

本章内容主要是 C 语言基本数据处理与编程基础框架,其知识点包括:基本的数据类型(常量、变量;整型、浮点型……)及类型转换;整数的编码方式(原码、反码、补码)和数的进制表示与转换;字符的 ASCII 编码、转义字符;变量的定义、命名、类型、赋值及访问;基本运算(关系运算、逻辑运算、位运算、四则运算、模运算、赋值与复合赋值等);常量的符号表示(const 与 #define);基本输入/输出(scanf 和 printf)等。基本知识结构如图 2.1 所示。

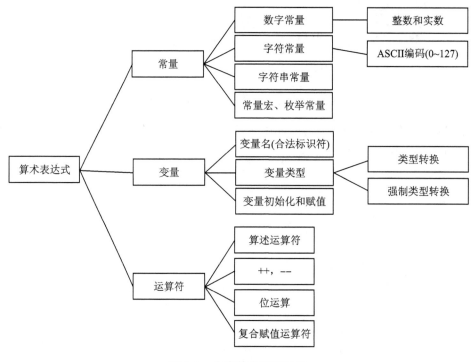

图 2.1　本章基本知识结构

2.1　本章重难点回顾

2.1.1　基本输入及格式化输出

程序初学者经常要用到基本输入及格式化输出。其中输入一般使用 scanf()函数,在使用时,注意输入数据要与数据类型匹配。格式化输出一般使用 printf()函数,通过 printf()的参数设置,可以限定输出所占的字符宽度、左对齐、右对齐等,能灵活控制输出显示,让显示效果更加美观。

例 2 - 1　原样输入。

```
1   float r;
2   scanf("r = % f",&r);
```

上述程序运行时,可以输入 r=3.14,也可以输入 r=3.1415,注意"r="不能丢,因为 scanf() 函数的第一个参数中有"r=",所以必须原样输入。输入后,3.14 或 3.1415 将被读入变量 r 中。另外,变量 r 前面的取变量地址符"&"不能省。这是程序设计初学者经常出错的地方。

例 2 - 2　输入数据类型一致。

```
1   double r;
2   scanf("% lf",&r);
```

上述程序中定义变量 r 的数据类型是 double,此处不能用 scanf("%f",&r),因为%lf 代表输入的数据类型是 double,%f 代表输入的数据类型是 float。输入数据类型要一致。

例 2 - 3　控制输出格式:求圆的面积和周长,其结果按要求格式输出。

```
1    const double PI = 3.141592653589;
2    double radius,area,perimeter;
3    scanf("% lf",&radius);
4    area = PI * radius * radius;
5    perimeter = 2 * radius * PI;
6    printf("Radius = % 6.2f\n",radius);
7    printf("Area = % 6.2f\n",area);
8    printf("Perimeter = % 6.2f\n\n",perimeter);
9    printf("Radius     = % 6.2f\n",radius);
10   printf("Area       = % 6.2f\n",area);
11   printf("Perimeter = % 6.2f\n\n",perimeter);
12   printf("    Radius = % 6.2f\n",radius);
13   printf("      Area = % 6.2f\n",area);
14   printf("Perimeter = % 6.2f\n\n",perimeter);
15   printf("% 12s = % 6.2f\n","Radius",radius);
16   printf("% 12s = % 6.2f\n","area",area);
17   printf("% 12s = % 6.2f\n\n","perimeter",perimeter);
18   printf("% - 12s = % 6.2f\n","Radius",radius);
19   printf("% - 12s = % 6.2f\n","area",area);
20   printf("% - 12s = % 6.2f\n","perimeter",perimeter);
```

题解分析:首先,用 const 定义了一个常数变量 PI,在程序中不能再对 PI 的值进行修改;由 scanf("%lf",&radius)输入变量 radius 的值作为圆的半径,使用 C 语言中的表达式计算圆的周长和面积。在程序输出时使用 printf()按不同格式输出。注意输出格式中的数据位数。例如,当输入 5.0 时,输出结果如图 2.2 所示。

读者可以修改代码中"%6.2f"部分的数字为其他值,并在数值前加负号—,观察输出结果并认真领会。对其他数据类型的输出也有同样的规律。

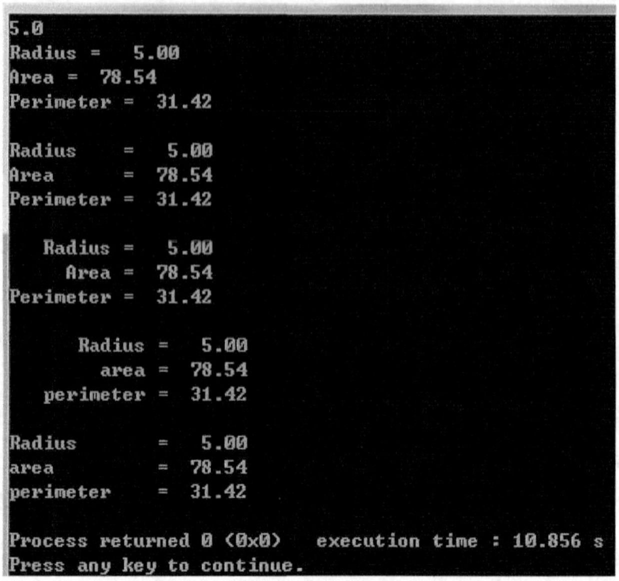

5.0
Radius = 5.00
Area = 78.54
Perimeter = 31.42
Radius = 5.00
Area = 78.54
Perimeter = 31.42
Radius = 5.00
Area = 78.54
Perimeter = 31.42
Radius = 5.00
area = 78.54
perimeter = 31.42
Radius = 5.00
area = 78.54
perimeter = 31.42
Process returned 0 (0x0) execution time : 10.856 s
Press any key to continue.

图 2.2　输出结果

2.1.2　数据类型转换

字符与整数：由于字符可以看做一个小整数(字符的 ASCII 码,0～127),字符与整数有时可以等价地看待。由于字符占一个字节,整数转换成字符时,将超出 8 位的高位全部丢掉。

浮点数与整数：浮点数转换成整数时,会截去小数部分,如图 2.3 所示。

算术转换：如果一个运算符有不同类型的运算对象,那么“较低”的类型会自动转换成“较高”的类型,其他自动转换关系如图 2.4 所示。例如,在算术表达式中普通整数(int)和无符号整数(unsigned)混合使用,则普通整数将自动转换成无符号整数。

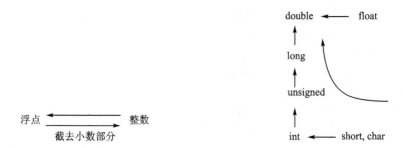

浮点
整数
截去小数部分

图 2.3　浮点数与整数的关系

double
float
long
unsigned
int
short, char

图 2.4　算术运算中不同数据类型自动转换的关系

赋值时的类型转换：赋值号右边表达式的类型会自动转换为赋值号左边变量的类型。

注意：当程序中发生由“较高精度类型数据”转换到“较低精度类型数据”时,大多数编译器会产生一个警告,因为可能发生了精度损失。这种情况的发生要么是程序设计人员故意为之,要么是疏忽写错。对于前者,可以使用强制类型转换,避免产生警告提示;对于后者,应注意查看是否会因精度损失而造成数据错误。

2.1.3 const 与 #define

const 可以放在任何变量的定义之前,说明变量是只读的(不能修改的),这样的变量又称为常量变量(仍然是变量,有变量的属性,相当于常量,但不是常量)。即 const 定义的常数是变量,也有数据类型,存在于程序的数据段,并分配了空间。

#define 为宏定义,是 C 语言的一种编译预处理指令。#define 定义的只是个常量,不带类型,只是用来做文本的替换。例如,"#define PI 3.14159",当程序进行编译的时候,编译器首先会将 #define PI 3.14159 之后所有代码中的 PI 全部换成 3.14159,然后再进行编译。#define 常量的生命周期停止于编译阶段,它存在于程序的代码段。

可以使用带参数的宏,如"#define max(a,b) a>b ? a : b"。在宏定义中常见错误是在宏定义语句末尾加了分号,例如,"#define PI 3.14159;"是错误的,末尾不能有分号。

例 2-4 使用 const 和 #define 的实例。

```
1   #include <stdio.h>
2   #define PI 3.14159
3   #define SEC_HOUR (60 * 60)
4   #define SEC_DAY (SEC_HOUR * 24)
5   #define SUCCEED "test,Succeed! \n"
6   const double d_PI = 3.141592653589;
7   int main()
8   {
9       int sec_oneweek = 7 * SEC_DAY;
10      printf("Oneweek has  %d  seconds.\n\n",sec_oneweek);
11      double radius = 1,area,perimeter;
12      area = PI * radius * radius;
13      perimeter = 2 * radius * PI;
14      printf("Rad = %-6.2f,Area = %-6.2f,Perimeter = %-6.2f\n\n",radius,area,sperimeter);
15      radius = 2;
16      area = d_PI * radius * radius;
17      perimeter = 2 * radius * d_PI;
18      printf("Rad = %-12.6f,Area = %-12.6f,Perimeter = %-12.6f\n\n",radius,area,perimeter);
19      printf(SUCCEED);
20      return 0;
21  }
```

注意:在 C 语言源程序中允许用一个标识符来表示一个字符串,称为"宏",例如,"#define PI 3.14159"中的 PI 就是一个定义的"宏",它必须是一个合法的标识符。在编译预处理时,对程序中所有出现的"宏名"都用宏定义中的字符串去代换,这称为"宏代换"或"宏展开"。宏定义是由源程序中的宏定义命令完成的。宏代换是由预处理程序自动完成的。通过巧妙地定义宏,能让程序的可读性更强,可维护性更好。

2.2 精编实训题集

题 2-1 简单字符(串)输出：颜文字表情图案绘制

"颜文字"是一种表情符号,是指通过编排及组合计算机字符码表中特定的字符次序,形成描绘人物表情动作的图案。请编写程序输出给定的颜文字表情。

输入：无。

输出："\(ˆ_ˆ)/"。

题 2-2 简单字符(串)输出：转义符应用

编写程序输出：? ＊ ＆\! _//\a@\\\r\n! //\\"_"/\\ˆ! ～zZ。

输入：无。

输出：? ＊ ＆\! _//\a@\\\r\n! //\\"_"/\\ˆ! ～zZ。

题 2-3 基本输入输出及运算：数的向上取整

在 C 语言中,操作数为 int 类型的数据进行除法运算时,其结果默认向下取整,但是在应用中可能也需要用到向上取整,请通过编程实现指定运算结果的向上取整。

输入：两个正整数 $i,j (1 \leqslant i,j \leqslant 10^6)$,$i$ 是被除数,j 是除数。

输出：i 除以 j 结果向上取整所得到的整数。

输入样例	3 2	输出样例	2

题 2-4 基本输入输出及运算：计算预期收益

用资本 a 元参加一笔交易,已知交易的回报率为 $c\%$,总收益 $s＝$资本×(1 ＋ 回报率),请设计程序计算预期的总收益 s。

输入：一行,两个数 a 和 c,以一个空格隔开(a 和 c 为正数,可以为小数)。

输出：一行,s 的值,保留 2 位小数。

输入样例	100 2	输出样例	102.00

题 2-5 基本输入输出及运算：计算平均值

三家大地主掌控了某村的所有土地,现在想按平均原则重新分配土地面积,请设计程序计算这三家地主平均后的土地面积各为多少。

输入：一行,三个数 a,b 和 c,分别代表三个地主现在拥有的土地面积,均为大于 0 的小数。

输出：一行,a,b 和 c 的平均值,保留一位小数。

输入样例	1 2 3	输出样例	2.0

题 2-6　基本输入输出及运算：计算圆柱体表面积

输入底面半径 r 和高 h，输出圆柱体的表面积，保留三位小数，格式参考样例（$\pi=3.14$，r，$h\neq0$）。

输入：一行，浮点数 r 和 h，用空格分开。

输出：一行，以 r 为底面半径、h 为高的圆柱体表面积的计算结果，格式为"Area＝%.3f"（注意空格）。

输入样例	3.5 9	输出样例	Area＝274.750

题 2-7　模运算：简单取模操作

一个数 N 的 3 倍加 1 的结果与 100000007 进行模运算的结果是多少，请设计一个程序计算。

输入：long long 数据类型范围内的整数 N。

输出：N 的 3 倍加 1 的结果与 100000007 进行模运算的结果。

输入样例	2	输出样例	7

题 2-8　模运算：数的按位拆分

假设编号与特殊编码之间存在一一对应关系。现在定义一个不超过 8 位的编号 n，它对应的特殊编码 L 的计算方法为：定义编号的个位为第 1 位，十位为第 2 位，以此类推。$L=$ 编号各位上的数字与其位数的乘积之和，即编号 n 第 i 位上的数字为 a_i，对 L 的贡献为 $i*a_i$。例如，若编号 $n=1737400$，则它对应的特殊编码 $L=1*0+2*0+3*4+4*7+5*3+6*7+7*1=104$。请设计程序计算一个给定编号 n 对应的特殊编码 L。

输入：一个整数 $n(0\leqslant n<10^9)$。

输出：一个整数 L，为 n 对应的特殊编码。

输入样例	16066666	输出样例	140

题 2-9　模运算：数位翻转

把一个数字的后四位进行翻转，请编程实现。

输入：非负整数 $a(0\leqslant a\leqslant2^{31}-1)$。

输出：将 a 的后四位翻转后产生的新整数。若 a 不足 4 位，左侧补 0 后翻转输出。

输入样例 1	23423457	输出样例 1	23427543
输入样例 2	12	输出样例 2	2100

题 2－10　模运算：学号识别码

学校拟对全校学生的学号进行升级处理,决定在每位同学的学号后面加一位识别码。识别码的生成方法具体如下:对于一个 8 位学号 ABCDEFGH,识别码 I＝(A＊9＋B＊8＋C＊7＋D＊6＋E＊5＋F＊4＋G＊3＋H＊2)mod10,最终添加识别码后的学号为 ABCDEFGHI。

输入：首位非零的 8 位正整数(代表原学号)。

输出：添加完识别码的 9 位正整数(代表升级后的学号)。

输入样例	17730001	输出样例	177300014

题 2－11　模运算：队列找字母

有这样一个序列"abcdefgabcdefgabcdefg…",将该序列按从左到右的顺序编号,具体方法为第 1 个字母编号为 1,第 2 个字母编号为 2……现要求编程输出从头(左边第 1 个)开始的第 i 个字母。

输入：正整数 $i(1 \leqslant i \leqslant 2^{31}-1)$。

输出：按给定的编号序列找到的第 i 个字母。

输入样例	9	输出样例	b

题 2－12　模运算：火仙草数

数学中的水仙花数指的是一个 3 位正整数,它的每个位上的数字的 3 次幂之和等于它本身(例如:$1^3+5^3+3^3=153$)。模仿该方法定义火仙草数,火仙草数是一个 4 位数,它前两位的平方与后两位的平方之和等于它本身(例如:$12^2+33^2=1233$)。请编程找出比给定四位数 n 大的第一个火仙草数,如果没有,则输出－1。

输入：一行,一个整数 $n(1\,000 \leqslant n \leqslant 9\,999)$。

输出：比四位数 n 大的第一个火仙草数,如果没有,则输出－1。

输入样例 1	1 000	输出样例 1	1 233
输入样例 2	9 999	输出样例 2	－1

题 2－13　数据类型转换：分数转小数

给一个形如"a/b"的分数,请用小数近似表示,输出结果保留两位小数。

输入：一行,一个形如"a/b"的分数,其中 a 和 b 均为不大于 100 000 的正整数。

输出：一行,所输入分数对应的小数,保留两位小数。

输入样例	2/3	输出样例	0.67

题 2 - 14　位运算：A op B Problem

A＋B Problem 往往是编程初学者会遇到的题目。请编程解决一个 A op B Problem。定义 op：$N \times N \to N$ 是非负整数集 N 上的二元运算。对于两个长度相同的非负整数 a 和 b，a op b 的结果按如下方式计算：

（1）按位处理 a 和 b 的每一个二进制位。

（2）记 a 和 b 某个二进制位上的值分别为 $a0$ 和 $b0$：

① 若 $a0=0$ 且 $b0=0$，则运算结果中该位的值为 $w0$；

② 若 $a0=0$ 且 $b0=1$，则运算结果中该位的值为 $w1$；

③ 若 $a0=1$ 且 $b0=0$，则运算结果中该位的值为 $w2$；

④ 若 $a0=1$ 且 $b0=1$，则运算结果中该位的值为 $w3$。

上述 $w0,w1,w2,w3 \in \{0,1\}$。同时，规定恒有 $w0=0$ 成立。现在给定 a,b 与 $w0,w1,w2,w3$ 的值，请编程计算 a op b 的结果。

输入：有多组数据输入。第一行是一个整数 $q(1 \leqslant q \leqslant 10^5)$，表示输入数据的组数。接下来是要输入的多组数据，每组数据包含两行，其中第一行是两个非负整数 $a,b(0 \leqslant a,b < 2^{32})$，中间用空格分隔，第二行是四个整数 $w0,w1,w2,w3$，分别用空格分隔，保证 $w0 \equiv 0$，$w0,w1,w2,w3 \in \{0,1\}$。

输出：输出 q 行，每行一个非负整数，表示 a op b 的结果。

输入样例	3 5 3 0 0 0 1 5 3 0 1 1 1 5 3 0 1 1 0	输出样例	1 7 6

2.3　题集解析与参考程序

题 2 - 1 解析　简单字符（串）输出：颜文字表情图案

问题分析：本题重点考查 C 语言中的转义字符在基本输出中的使用。所有的 ASCII 码都可以用"\"加数字（一般是 8 进制数字）来表示。而 C 语言中定义了一些字母前加"\"来表示常见的那些不能显示的 ASCII 字符，如\0,\t,\n 等，就称为转义字符。

实现要点：反斜杠和双引号作为特殊字符，在用 printf() 输出时要使用转义符，即\\和\"。参考代码片段如下：

```
printf("\"\\(^_^)/\"\n");
```

题 2－2 解析　简单字符(串)输出：转义符应用

问题分析：本题与题 2－1 类似，须重点掌握 C 语言中的转义符在基本输出中的使用。题目中要输出的字符串比较长，比较好的办法是直接从题目中复制字符串放入输出程序中，然后对需要转义输出的字符添加反斜杠(\)，可避免遗漏需要输出的字符。

实现要点：反斜杠(\)、双引号(")、问号(?)输出时，需要使用转义符才能正常输出，即\\，\"和\?。参考代码片段如下：

```
1    printf("\? *&\\! _//\\a@\\\\\\\r\\n!");
2    printf("//\\\\\"_\"/\\\\^! ~zZ");
```

注意：在 printf() 中，%作为格式控制符，不会直接输出，而是用来告诉计算机此处输出什么内容。比如常见的%d 表示一个整数，%.2f 表示两位 double 浮点数。在 printf() 中，%只有伴随着后续的输出格式才有意义。如果需要直接输出%，请写成%%，即 printf("%%")。此外还有另一种做法，不使用 printf() 函数输出，而替代地使用 putchar 函数输出单个字符，即 putchar('%')。

题 2－3 解析　基本输入输出及运算：数的向上取整

问题分析：本题主要考查使用 C 语言实现基本的数学运算和基本的输入/输出。

实现要点：C 语言中两个整型相除会向下取整，即舍弃小数部分。根据题意，要实现向上取整，有两种解题方法。

解题方法一：由数学基本知识可知，对 a 与 b 相除的结果进行向上取整可以使用 $(a+b-1)/b$(见代码第 3 行)的计算方法。参考代码片段如下：

```
1    int a,b;
2    scanf("%d%d",&a,&b);
3    a = (a+b-1) / b;
4    printf("%d\n",a);
```

解题方法二：分析可知，当 a 与 b 不能整除时(即模运算不为零)，在 a 与 b 相除的结果上加 1 即可实现向上取整(见代码第 4 行)。当 a 与 b 能整除时(即模运算为零)，a 与 b 相除的结果就是整数，不用再加 1(见代码第 6 行)。所以采用 if/else 选择结构即可实现题目要求。参考代码片段如下：

```
1    int a,b;
2    scanf("%d%d",&a,&b);
3    if(a % b! =0)
4        a = a / b+1;
5    else
6        a = a / b;
7    printf("%d\n",a);
```

题 2－4 解析　基本输入输出及运算：计算预期收益

问题分析：本题需学生理解和掌握简单四则运算和浮点数格式化输出。计算公式已在题目中给出,编程实现相关变量数值的输出,代入计算公式即可。注意:输入数据可能是小数,所以要声明成浮点型变量。

实现要点:在输入时,用%lf 完成 double 型双精度浮点数输入(见代码第 2 行)。按照题目计算公式进行浮点数四则运算,注意运算过程中的隐式类型转换(a∗c 是 double 型,与整型100 相除,其结果隐式转换成 double 型)。使用%.2f 按要求格式化输出两位小数(见代码第 4行)。参考代码片段如下:

```
1  double a,c,s;
2  scanf("%lf%lf",&a,&c);
3  s = a + a * c / 100;
4  printf("%.2f\n",s);
```

题 2-5 解析　基本输入输出及运算:计算平均值

问题分析:本题需学生理解和掌握基本的输入输出和运算表达式。编程实现相关变量数值的输出,代入计算公式即可。注意:输入数据可能是小数,所以要声明成浮点型变量。

实现要点:在数据输入时用%lf 实现 double 型双精度浮点数据输入(见代码第 2 行),输出时使用%.1f 完成保留一位小数输出(见代码第 3 行),平均值计算公式为$(a+b+c)/3$。参考代码片段如下:

```
1  double a,b,c;
2  scanf("%lf%lf%lf",&a,&b,&c);
3  printf("%.1f\n",(a + b + c) / 3);
```

题 2-6 解析　基本输入输出及运算:计算圆柱体表面积

问题分析:本题需学生理解和掌握基本的输入输出和运算表达式。编程实现相关变量数值的输出,代入计算公式即可。注意:输入数据可能是小数,所以要声明成浮点型变量。

实现要点:在数据输入时用%lf 实现浮点型数据输入(见代码第 3 行),输出时使用%.3f完成保留三位小数输出(见代码第 7 行),计算公式为:表面积=上下底面积+侧面积。参考代码片段如下:

```
1  const double pi = 3.14;//const 声明常量 pi = 3.14
2  double r,h,s1,s2,s;//底面圆面积 s1,侧面积 s2,总表面积 s
3  scanf("%lf%lf",&r,&h);
4  s1 = pi * r * r;
5  s2 = 2 * pi * r * h;
6  s   = s1 * 2 + s2;
7  printf("Area = %.3f\n",s);
```

题 2-7 解析　模运算:简单取模操作

问题分析:根据题意计算表达式 $N*3+1$ 与 100000007 进行模运算的值。本题中 N 的数据类型是 long long 型,根据题意 long long 型的整数 N 乘以 3 可能超过 long long 数据类型的表示范围,所以需要考虑避免出现数据超范围的情况。

实现要点: 为了避免出现数据超范围,可使用相乘取模的性质$(M * N) \% X = (M \% X * N \% X) \% X$以及相加取模的性质$(M + N) \% X = M \% X + N \% X$。参考代码片段如下:

```
1    const long long X = 100000007;
2    long long n,m;
3    scanf("% lld",&n);
4    m = (3 * (n % X) % X + 1) % X;
5    printf("% lld",m);
```

题 2-8 解析　模运算:数的按位拆分

问题分析:问题的关键在于取出编号n的每一位的数,所以利用模运算与除法运算相结合将一个正整数的各数位逐一分离,然后乘以相应的位数并相加即可。

实现要点:① 对于任何一个k位数n来说,它的最高位(即第k位数)为$n / 10^{(k-1)}$,它的低$k-1$位数组成的数为$n \% 10^{(k-1)}$。(另一种思路:它的最低位,即第 1 位数是$n \% 10$,它的高$k-1$位数组成的数为$n/10$。② 反复执行第①步,将每一位取出。③ 利用权值的累加输出结果。参考代码片段如下:

```
/*方法一:不使用循环*/
1    int n,m;
2    scanf("% d",&n);
3    m = (n % 10) * 1 + (n % 100 / 10) * 2 + (n % 1000 / 100) * 3 + (n % 10000 / 1000) * 4 + (n %
     100000 / 10000) * 5 + (n % 1000000 / 100000) * 6 + (n % 10000000 / 1000000) * 7 + (n %
     100000000 / 10000000) * 8;
4    printf("% d",m);
```

```
/*方法二:使用循环*/
1    int n,m,power,i;
2    scanf("% d",&n);
3    m = 0;
4    power = 10000000;
5    for(i = 8; i > = 1; i--){
6        m + = (n / power) * i;
7        n = n % power;
8        power / = 10;
9    }
10   printf("% d",m);
```

```
/*方法三:更高效的循环*/
1    int n,m,i;
2    scanf("% d",&n);
3    m = 0;
4    for(i = 1; i < = 8; i++){
```

```
5        m + = (n % 10) * i;
6        n / = 10;
7    }
8    printf(" % d",m);
```

注意：这种采用模运算与除法运算相结合将一个正整数的各数位逐一分离的方法是一种非常有用的策略,尤其是方法三,希望大家熟练掌握,灵活运用。

题 2-9 解析　模运算：数位翻转

问题分析：本题将数据的后四位逐位分离,然后反转后四位输出即可。

实现要点：利用取模运算符％与除法相结合,将非负整数从高位(个位)开始逐位分割,个位数$=a\%10$,十位数$=(a/10)\%10$,百位数$=(a/100)\%10$,千位数$=(a/1\,000)\%10$(见代码第$3\sim6$行)。然后利用四则运算输出反转后的整数(见代码第7、8行)。参考代码片段如下:

```
1    int n,n4,n3,n2,n1;
2    scanf(" % d",&n);
3    n4 = (n / 1000) % 10;//千位数
4    n3 = (n / 100) % 10;//百位数
5    n2 = (n / 10) % 10;//十位数
6    n1 = n % 10;//个位数
7    n = n − n % 10000 + n1 * 1000 + n2 * 100 + n3 * 10 + n4;
8    printf(" % d\n",n);
```

题 2-10 解析　模运算：学号识别码

问题分析：本题可以充分利用题 2-8 的做法和结论,在题 2-8 的"方法三"的基础上完成。参考代码片段如下:

```
1    int id,j,I = 0,tmp;
2    scanf(" % d",&id);
3    tmp = id;
4    for(j = 2; j < = 9; j++){
5        I + = (tmp % 10) * j;
6        tmp / = 10;
7    }
8    printf(" % d",id * 10 + I % 10);
```

题 2-11 解析　模运算：队列找字母

问题分析：本题主要涉及 ASCII 码和模运算。注意给定序列的字母排列是有规律的,即以字符串"abcdefg"为一组循环的,序列中第$i+7$位与第i位相同,所以,只须将i对 7 取余数即可。

实现要点：根据小写字母 ASCII 码表的连续编码性质可知,第 1 个字母为 'a',第二个字母是 'a'+1,即 'b',第 7 个字母是 'a' $+(7-1)\%7$,第 8 个字母又回到了 'a',第i个字母为 'a'+$(i-1)\%7$。参考代码片段如下:

```
1    int i;
2    scanf("%d",&i);
3    printf("%c",'a' + (i-1) % 7);
```

题 2-12 解析　模运算：火仙草数

问题分析：读入 n，从 $n+1$ 开始到 9 999 逐个判断是否满足火仙草数的定义。

实现要点：对于一个 4 位整数 m，如果想取其前两位，可用 $m/100$ 得到；如果想取其后两位，可用 $m\%100$ 得到。参考代码片段如下：

```
1    int n,m;
2    scanf("%d",&n);//读入 n
3    for(m = n+1; m <= 9999; m++){
4        if((m % 100) * (m % 100) + (m / 100) * (m / 100) == m){//判断是否为火仙草数
5            printf("%d",m);//遇到火仙草数则输出并结束程序
6            return 0;
7        }
8    }
9    printf("-1");//没有遇到,则输出 -1
```

题 2-13 解析　数据类型转换：分数转小数

问题分析：本题主要考查输入格式与除法运算中的类型转换问题。

实现要点：代码第 2 行"%d/%d"表示读入一个整型数据，跳过一个字符"/"再读入一个整型数据，与输入格式相对应。在输入时需要注意原样输入，例如输入 3/2 时，不能丢掉中间的字符"/"；代码第 3 行，使用 a*1.0/b 进行数据类型的隐式转换，因为表达式中有一个浮点数 1.0，所以整型数据 a 和 b 在进行运算时自动转换成浮点型。参考代码片段如下：

```
1    int a,b;
2    scanf("%d/%d",&a,&b);
3    printf("%.2f\n",a*1.0 / b);
```

题 2-14 解析　位运算：A op B Problem

问题分析：本题的关键在于将二进制中某一位提取出来，并将答案赋值为某个特定值。同时注意数据范围在 $[0,2^{32})$，无法用 int 数据类型，因此需要采用 unsigned int 或是 long long 数据类型完成相关任务。

实现要点：根据位运算的基本知识及左移右移运算符的用法，可知：

① $x\&(1 << (i-1))$，从低位到高位，提取二进制数 x 的第 i 位(下标从 1 开始)。若该位为 1，则表达式的结果为 2^{i-1}，否则为 0。

② $x = x | (w << (i-1))$：从低位到高位，将二进制数 x 的第 i 位(下标从 1 开始)设为 w，其中 $w \in \{0,1\}$。参考代码片段如下：

```
1    int q,i;
2    unsigned int a,b,a0,b0;
```

```
3    unsigned int w0,w1,w2,w3;
4    unsigned int ans;
5    scanf("%d",&q);
6    while(q--){
7        scanf("%u%u",&a,&b);  //unsigned int 型数据使用 %u 输入
8        scanf("%u%u%u%u",&w0,&w1,&w2,&w3);
9        ans = 0;  //每次都要重置 ans
10       for(i = 0; i < 32; i++){
11           a0 = a &(1 << i);  //提取 a 的第 i 位
12           b0 = b &(1 << i);  //提取 b 的第 i 位
13           if(a0 == 0 && b0 == 0)
14               ans |= w0 << i;
15           else if(a0 == 0 && b0>0)
16               ans |= w1 << i;
17           else if(a0>0 && b0 == 0)
18               ans |= w2 << i;
19           else
20               ans |= w3 << i;
21       }
22       printf("%u\n",ans);  //unsigned int 型数据使用 %u 输出
23   }
```

2.4　本章小结

　　数据类型、表达式及基本输入输出是 C 语言语法基础。读者应掌握 C 语言的基本数据类型及其存储形式、取值范围，了解位运算的规则、位运算符的含义及功能；了解常量的符号表示形式、const 与 define 关键字的区别；理解 ASCII 编码规则和使用方法。通过实训练习，熟练掌握变量的定义、赋值与使用；熟练掌握＋、－、＊、／、％、＋＋、－－、赋值及复合赋值等运算；熟练掌握 scanf() 和 printf() 函数的功能与正确使用方法。

第3章 结构化编程

结构化编程包括三类重要的控制结构：顺序结构、选择结构（也称为分支结构）和循环结构。其中，顺序结构就是按程序语句顺序执行，完成相应功能；选择结构可以实现程序选择性执行代码，根据问题的解决方法，跳过无用代码，只执行有用代码；循环结构中的循环是有规律的重复操作，将复杂问题分解为简单的操作过程，程序只对简单过程描述，这些过程的多次重复就可完成对问题的求解。本章重点讲解选择结构和循环结构，涉及的主要知识点有：关系表达式（运算符）、逻辑表达式（运算符）、逗号表达式以及逻辑运算等；运算符的优先级；if、if/else、switch 三种选择结构（语句）；while、for 和 do while 循环结构（语句）以及循环结构的嵌套；计数器与标志控制循环和程序的跳转控制（break、continue 和 goto）。其基本知识结构如图 3.1 所示。

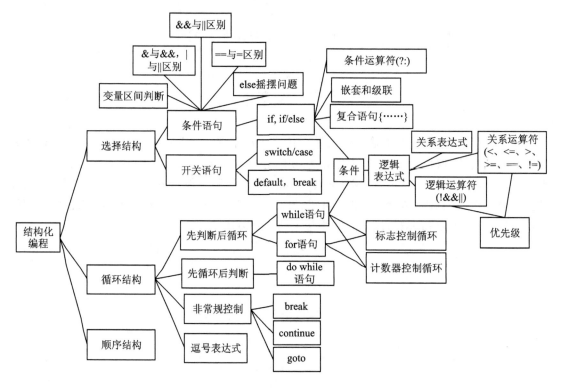

图 3.1 本章基本知识结构图

3.1　本章重难点回顾

3.1.1　逻辑表达式

　　程序中对不同分支的执行取决于给定的条件,C 语言中的条件由逻辑表达式来描述。逻辑表达式可以是一个关系表达式(由关系运算符描述,从这个意义上说,逻辑表达式包括关系表达式,或关系表达式是逻辑表达式的一个特例),也可以是由逻辑运算符连接起来的多个关系表达式。表达式产生确定的值,结果为 0 或 1(非 0)。

　　关系运算符和逻辑运算符的优先级较低,但为了阅读方便,易于理解,在逻辑表达式中,对每个关系表达式加上小括号是好的习惯。比如,从文件流依序读入字符,判断读入的字符是否为小写字母,这个逻辑表达式可以表示为:

```
1    char c;
2    if(((c = getchar()) ！ = EOF) &&(c > = 'a') &&(c < = 'z')){
3        <处理语句>
4    }
```

　　该代码的 if 条件语句通过逻辑与(&&)运算,将三个关系表达式组成了一个逻辑表达式(第 2 行)。该逻辑表达式首先通过 getchar() 读入字符,赋值给变量 c,然后判断 c ！ = EOF,c > = 'a',c < = 'z' 这三个关系表达式是否成立。若这三个表达式同时成立,则逻辑表达式(条件)成立,表示此时读入了一个小写字母。这段代码中的表达方式非常实用,读者应牢固掌握,并灵活运用。

3.1.2　条件语句常见问题

1. 相等关系"＝＝"与赋值"＝"运算符的错用

　　用关系运算符"＝＝"进行赋值,或用赋值运算符"＝"表示相等关系,都是逻辑错误,下面例子中的 if(gender＝1)语句(见代码第 2 行),实际上先执行了赋值操作 gender＝1,然后执行条件判断 if(gender),这不仅是一个逻辑错误,还隐蔽地修改了变量 gender 的值,并且该条件始终是成立的。

```
1    int gender = 0; //为 1 时表示性别为 male,为 0 时表示为 female
2    if(gender = 1)//注意这里是错误的,应把 gender = 1 写成 gender == 1 或 1 == gender
3        printf("male");
4    else
5        printf("female");
```

　　注意:if(1＝＝gender) 的写法不失为一种规避此类问题的好的解决方案,因 1＝gender 试图给一个常量赋值,是一个明显的语法错误。然而,须注意当 "a＝＝b" 左右两边都是变量时,则只能编程人员小心了!

2. 语句块(复合语句)的使用

　　当选择条件下有多条语句时,需要用{}括起来,例如:

```
1    if(studentGrade > = 60)
2        printf("Passed\n");
3    else
4        printf("Failed\n");
5        printf("降级,再读一年\n");
```

等价于

```
1    if(studentGrade > = 60)
2        printf("Passed\n");
3    else
4        printf("Failed\n");
5    printf("降级,再读一年\n");
```

以上两段代码,无论 studentGrade 是否大于 60,程序一定会执行输出"降级,再读一年"(见代码第 5 行)。而将 else 后的多条语句(见代码第 4 行和第 5 行)用{ }括起来,则会得到完全不同的执行结果。

```
1    if(studentGrade > = 60)
2        printf("Passed\n");
3    else {
4        printf("Failed\n");
5        printf("降级,再读一年\n");
6    }
```

3. else 摇摆问题

一般认为:"数学是编程的基础"。有企业招聘程序员时,首先测试数学,如果数学优秀(>=90 分),则进一步测试编程,若编程也优秀(>=90 分),则录用;若数学不优秀,则直接不录用;若数学好,编程暂时不行,则标注为"潜力股"。为解决上述问题,写成下面的代码是错误的:

```
1    int score_math = 96;
2    int score_c = 80;
3    if(score_math > = 90)
4        if(score_c > = 90){
5            printf("Excellent. AC!");
6            return 0;
7        }
8    else
9        printf("Math is bad. WA!");
10   printf("Potential!"); //math good,code so so
```

假设某程序员数学成绩为 96,C 语言成绩为 80,按照需求描述,程序的期望输出结果应为"Potential!"。但是运行以上程序后,实际的输出结果为"Math is bad. WA!",这是错误的。这就是 else 匹配的问题,在嵌套使用 if/else 语句时,C 程序编译器总是把 else 同它之前最近的未配对的 if 联系起来,自动进行匹配,因而上面这段代码中第 3~9 行等价于:

```
1    if(score_math > = 90)
```

```
2        if(score_c >= 90){
3            printf("Excellent. AC!");
4            return 0;
5        }
6        else
7            printf("Math is bad. WA!");
8    printf("Potential!"); //math good,code so so
```

即当前满足 score_math >= 90(见代码第 1 行),而不满足 score_c >= 90(见代码第 2 行),程序将直接执行 else 语句控制的内容(见代码第 6 行)。

下面的代码是正确的,把属于选择条件 score_math >= 90(见代码第 1 行)控制范围内的代码(见代码第 2 行和第 3 行)加上{},使得第 1 行的 if 语句与第 5 行的 else 语句能够相匹配。修改完毕之后,在数学成绩为 96、C 语言成绩为 80 时,else 语句的部分将不会被执行,从而直接执行最后一条语句(见代码第 8 行)。

```
1    if(score_math >= 90){
2        if(score_c >= 90){
3            printf("Excellent. AC!");
4            return 0;
5        }
6    }
7    else
8        printf("Math is bad. WA!");
9    printf("Potential!"); //数学好,但编程暂时不行
```

注意:if 如果只有一条语句,{}可以省略。缩进只是写代码时的好习惯,在 C 语言中,并不能代表代码的逻辑结构。

3.1.3 计数器控制循环

通常在循环执行之前,已知重复次数时使用计数器控制循环。计数器作为控制变量需要具备的属性特点包括:① 控制变量有恰当的名称;② 有初始值;③ 测试控制变量终值的条件(即是否继续循环);④ 每次循环时控制变量修改的增量或减量(趋向于循环结束)。

例 3-1 求平均数。

有 N 个(如 10 个,或其他确定的数)学生参加某科考试,求这些学生的考试平均分。

题解分析:要求写一个程序计算 N(本例题 $N=10$)个学生的考试平均分,则循环次数确定,因此比较适合使用计算器控制循环。参考代码片段如下:

```
1    const intN = 10;
2    int total = 0;              //初始化用户输入的成绩总个数
3    int g_counter = 1;          //输入成绩的个数,在本例题中作为控制循环的计数器
4    int grade;                  //用户输入的成绩数值
5    double average;             //成绩的平均分
6    while(g_counter <= N)       //循环次数 N 确定,g_counter 是计数器
7    {
8        printf("\nEnter grade %d:",g_counter);//提示输入第 g_counter 个同学的成绩
```

```
9      scanf("% d",&grade);
10     total + = grade;   //对每次输入的成绩进行累加,计算总和
11     g_counter + + ;   //每次循环,计数器加 1
12   }
13   average = (double) total / N;
```

注意 1: g_counter 就是程序的循环控制变量(或循环控制计数器);控制变量的初始值在定义时初始化为 1;控制变量终值的条件是 g_counter $\leqslant$ N,其中 N 是一个通过 const 限定的常量变量;每次循环时控制变量都有相应的增量(或减量),见本例题参考代码片段中的第 11 行代码,这个增量不断趋近于控制变量终值条件,以便于控制循环结束。

注意 2: 程序使用 total/N,而不是 total/g_counter,因为当结束循环时 g_counter 的值是 11。

例 3-2 复利计算。

120 年前,某人在瑞士银行存了 1 000 美元(年利率 0.075),现在该笔钱有多少? 输出自存入这笔钱后,每一年连本带息的总金额,样例为:

```
1    year(s) later,you have: 1075.00 $
2    year(s) later,you have: 1155.63 $
...
```

输出说明:每一行输出的格式为:i   year(s) later,you have: s $ 。

其中,i 为 int 类型,占 4 个字符宽度,左对齐;s 为 double 类型,保留小数点后两位,左对齐。

题解分析:

这是一个简单复利计算问题。设本金为 p,利率为 r,第 i 年末,连本带息的总金额为 s_i,则计算公式可表示为:

$$s_1 = p + p * r = p * (1+r)$$
$$s_2 = s_1 + s_1 * r = s_1 * (1+r)$$
$$\vdots$$
$$s_i = s_{i-1} * (1+r)$$

参考代码片段如下:

```
1    int i,p = 1000,n = 120;
2    double r = 0.075,s;
3    s = p;   //这里把 int 值赋给 double 类型变量,隐式地进行了数据类型转换
4    for(i = 1; i < = n; i + +) //循环次数 n 确定,i 是计数器
5    {
6        s = s * (1 + r);
7        printf("% 4d year(s) later,you have: %.2f $ \n",i,s);
8    }
```

3.1.4 标志控制循环

用特殊的标志值控制循环结束,也称为不确定重复。

例 3-3　统计考试成绩。

编写一个通用程序,计算每一门课考试的平均成绩,但每一门课上课的人数不一样。

题解分析:要求写一个通用程序,其循环次数不确定,因此比较适合使用标志控制 while 循环结构。参考代码片段如下:

```
1    int total = 0,g_counter = 1,grade;
2    double average;
3    printf("\nInput the % d\'s grade(or - 1 to quit): ",g_counter);
4    scanf(" % d",&grade);
5    while(grade ! = - 1)// - 1 为控制循环的标志,判断特殊标志
6    {
7        total + = grade;
8        g_counter ++ ;
9        printf("\nInput the % d\'s grade(or - 1 to quit): ",g_counter);
10       scanf(" % d",&grade);
11   }
12   if(g_counter - 1>0)//判断是否有成绩输入
13   {
14       average = (double)total /(g_counter - 1);
15       printf("\nThe class has % d students.\n",g_counter - 1);//输出输入成绩的个数
16       printf("The average grade is: %5.2f\n",average);//输出平均成绩
17   }
18   else
19       printf("No grades were entered");
```

注意:本例题设计的是一个循环次数不确定程序,其中 - 1 为特殊的标志值控制循环结束,即当输入值为 - 1 时,程序可以结束循环,执行循环体后面的语句。

例 3-4　整数的不间断输入。

测试不间断地输入整数,直到输入格式有误或强制结束输入时结束程序(Windows 下 Ctrl+C 命令强制结束输入并退出,Ctrl+Z 命令强制结束输入)。

题解分析:本例题也要求写一个通用程序,其循环次数不确定,循环结束是通过输入格式有误或强制结束输入实现的,因此可以使用 scanf()函数的返回值作为特殊标志值,从标准输入设备(如键盘)上正确读入后,才能进入下一个输入状态,否则结束循环。参考代码片段如下:

```
1    int a;
2    printf("\ninput an integer:  ");
3    while(scanf(" % d",&a) != EOF)
4    {
5        printf("valid input: % d\n",a);
6        printf("\ninput an integer:  ");
7    }
8    printf("invalid inputor EOF quit! \n");
```

注意:scanf()函数如果成功读入输入数据,该函数返回成功匹配和赋值的个数。如果到

达文件末尾或发生读错误,则返回 EOF。EOF 在 C 标准函数库中表示文件结束符(end of file),其值为 -1。需要注意的是 EOF 在 Windows 中对应的按键是 Ctrl+Z 键,在 linux 系统中对应的按键是 Ctrl+D。

例 3-5 指定类型数据的输入。

输入一个 3 位整数,若输入有误则要求重新输入,直到输入正确为止。

题解分析:该例题要求输入 3 位整数,即限定输入为整数并且是 3 位数。不满足这个条件属于输入有误,因此需要对输入的数据进行判断。可以采用 scanf("%d",…) 函数限定输入整数,如果是非整数,则无法读入。此外,输入的整数如果小于 100 或大于 999,因不是 3 位数,同样认为输入有误。参考代码片段如下:

```
1    int n;
2    printf("\ninput a 3-digit number: ");
3    while(scanf("%d",&n) == 0 ||(n < 100 || n>999)) //无效输入时,则进入循环重新输入
4    {
5        printf("invalid input: %d\n",n);
6        printf("input a 3-digit number: ");
7        while(getchar() != '\n');
8    }
9    printf("Good job! Valid input %d! \n",a);
```

注意:while(getchar() != '\n')这条语句很重要! 其用于清除错误的或多余的输入。scanf() 从输入设备正确读入后,才能进入下一个输入状态。例如:输入 12 xy,则 scanf() 先读入 12 到 n,然后 getchar() 读入且清除 xy,开始下一行输入。若没有第 7 行代码,第一次读入 12,第二次 scanf() 读到 'x' 时发现是无效读入,循环,又读到 'x',……此外,该实例还显示了 while() 的嵌套用法。

3.1.5 break 和 continue 语句

break 和 continue 语句用于改变控制流程。其中 break 语句在 while、for、do/while 或 switch 结构中执行时,使程序立即退出这些结构,从而执行该结构后面的第一条语句,常用于提前从循环退出或跳过 switch 结构的其余部分;continue 语句在 while、for 或 do/while 结构中执行时跳过该结构体的其余语句,进入下一轮循环。

例如下面代码,当执行完 break 语句后(见代码第 3 行),程序提前退出 for 循环,执行后面第 6 行的程序语句。该程序将输出 1,2,3,4。

```
1    for(x=1; x<=10; x++){
2        if(x==5)
3            break;
4        printf("%d",x);
5    }
6    ...//other codes
```

例如下面代码,当执行完 continue 语句后(见代码第 3 行),程序跳过该循环体中的其余语句(见代码第 4 行),直接执行 for 循环头中的 x++ 语句(见代码第 1 行),然后判断 x<=10

条件是否成立。该程序将输出 1,2,3,4,6,7,8,9,10。

```
1    for(x = 1; x <= 10; x++){
2        if(x == 5)
3            continue;
4        printf(" % d",x);
5    }
6    ...//other codes
```

注意：while 循环体中,若没有使循环条件变为假的动作,也没有满足条件的 break 或 go-to 语句,也没有外部的读入数据使得循环条件为假,将导致无限循环(死循环)。

3.2　精编实训题集

题 3-1　逻辑表达式的妙用：名次预测

某观众在赛前预测 A~F 六名选手在比赛中会按顺序分别获第 1 名到第 6 名,输入每个选手的实际比赛名次,以"＊"输出该观众预测正确的次数。

输入：一行,[1,6]区间内的 6 个整数,每个整数用空格分开,分别代表 A~F 六名选手的实际比赛名次。

输出：一行字符串。以一个 ＊ 表示预测者猜对了一名选手的名次。例如 ＊ ＊ ＊ ＊ 表示预测者猜对了 4 名选手的名次;若预测结果全部不正确,则输出 Sorry! Unlucky!

输入样例	1 2 3 4 6 5	输出样例	＊ ＊ ＊ ＊
样例说明	猜对了 4 名选手的名次,因此输出 ＊ ＊ ＊ ＊。		

题 3-2　单分支选择结构：寻找第二小数

给定三个整数 a,b 和 c,请编程从中找出第二小的数并输出。

输入：一行,3 个 int 范围内的整数,分别表示 a,b,c,其中 a,b,c3 个整数均不相同。

输出：输出第二小的数,如果有两个,则输出其中一个即可。

输入样例	1 2 3	输出样例	2

题 3-3　单分支选择结构：重逢时刻

钟表在 00:00:00 时,时针和分针会重合。请计算从此刻开始的第 $n+1$ 个小时内,时针和分针重合时,表盘读数是多少。注意:本题的第 $n+1$ 个小时内指闭区间,例如第 1 个小时内指的是区间[0,1]。

输入：一行,一个整数 $n(0 \leqslant n \leqslant 100)$。

输出：一行,表盘的读数,输出格式为:小时读数:分钟读数:秒针读数,秒针读数精确到小数点后 7 位。

输入样例 1	36	输出样例 1	0:0:0.0000000
输入样例 2	14	输出样例 2	2:10:54.5454545

题 3 - 4 单分支选择结构：方程求解

已知一元二次方程的形式为：$\dfrac{a}{x^2}+\dfrac{b}{x}+c=0$，请你编写程序设计完成一元二次方程的求解。

输入：输入多组数据（不超过 10 000 组）。每组三个由空格分隔的整数 a,b,c，其中 c 不为 0。

输出：每组输入对应一行输出（输出的数字结果保留 2 位小数）。若有两解，则按从小到大的顺序输出（以一个空格隔开）；若有且仅有一解，输出唯一解；若无解，则输出 NO Solution。

输入样例	1 2 1 1 −2 1	输出样例	−1.00 1.00

题 3 - 5 双分支选择结构：直线与圆

以多组数据为输入，每组数据分别给定平面上不重合的三个点的坐标 $A(x1,y1)$，$B(x2,y2)$，$C(x3,y3)$ 及圆的半径 r。请编程判断经过 A,B 两点的直线与以 C 为圆心，r 为半径的圆的位置关系。

输入：多组数据，每组数据一行，由空格分隔的 7 个浮点数 $x1,y1,x2,y2,x3,y3,r$，其中 $(x1,y1)$，$(x2,y2)$ 为直线经过的两个点 A,B 的坐标。$(x3,y3)$ 和 r 分别代表圆心坐标和圆的半径。所有数据值有效数字不超过 11 位，绝对值在 $\{0\}\bigcup[10^{-3},10^6]$ 范围内。

输出：每组数据输出一行，一个整数。若直线与圆相切则输出 1，相交则输出 2，相离则输出 0。

输入样例	0 0 0 1 1 1 1 0 0 0 1 1 1 1.1	输出样例	1 2

题 3 - 6 双分支选择结构：温度转换

已知摄氏温度 C 和华氏温度 F 存在换算关系：$C=(F-32)\times 5/9$，请编写程序从标准输入以格式 <n><T> 读入一个带标记的整数 n。其中，T 是温度标记，可以是大写字母 C 或 F，分别表示摄氏和华氏。将指定温标的输入温度值转换为另一种温标的温度值，在标准输出上以格式 <n1><T1>=<n2><T2> 输出转换后的结果。

输入：一行，以 <n><T> 的格式输入。n 为整数，代表华氏温标或摄氏温标下的温度值，T 为大写字母 C 或 F，分别代表华氏温标或摄氏温标。输入的摄氏温度值在区间 [−273，

1 000]内,输入的华氏温度值在区间[−459,1 832]内。

　　输出:一行,形如<n1><T1>=<n2><T2>,其中<n1>和<T1>是输入的温度和标记,<n2>和<T2>是转换后的温度和标记。<n1><T1>=<n2><T2>及等号之间没有空格间隔。温度 $n2$ 四舍五入保留一位小数。

输入样例	<32><F>	输出样例	<32><F>=<0.0><C>

题 3-7　双分支选择结构:统计阶乘的尾数 0

　　一个数的阶乘尾部总是会有很多 0,如果 0 的个数是偶数的话,就称它的尾巴成双成对。请编写程序统计 0!,1!,2!,…,$(n-1)$!,n! 中有多少数的尾巴是成双成对的。注意 0 也是偶数。

　　输入:一行,整数 n。$(1 \leqslant n \leqslant 24)$

　　输出:0!,1!,2!,…,$(n-1)$!,n! 中尾部的 0 的个数是偶数的个数。

输入样例	1	输出样例	2
样例说明	输入为自然数 1,0!=1,其尾部 0 的个数为 0(偶数),1!=1,其尾部 0 的个数为 0(偶数),因而输出结果为 2。		

题 3-8　双分支选择结构:字符大小写转换

　　分享网盘链接时往往需要对链接地址和密码分别进行加密处理,现规定一种字母反转型加密方法,具体要求为将英文字母的大小写反转,数字及其他字符不变。请编程实现以上加密过程。

　　输入:第一行为分享链接,第二行为四位密码。

　　输出:第一行输出加密后的链接,第二行输出加密后的密码。

输入样例	https://yun.baidu.com/s/1grYyVJMvVCHn3Jze5C32yw 1tnp
输出样例	HTTPS://YUN.BAIDU.COM/S/1GRyYvjmVvchN3jZE5c32YW 1TNP

题 3-9　多分支条件语句:求解分段函数

　　已知以下分段函数:

$$y = \begin{cases} x & (x < 1) \\ 2x - 3 & (1 \leqslant x < 10) \\ 3x - 5 & (10 \leqslant x) \end{cases}$$

　　给定 x,编程计算函数 y 的值。

输入：一个 int 范围内的整数 x。

输出：输出由分段函数计算出的对应的 y 值。

输入样例	-2	输出样例	-2

题 3-10 多分支条件语句：窗口的嵌套

给出 3 个矩形窗口，请判断这 3 个窗口是否可以像下面这张图一样嵌套。若可以，输出"YES!"，否则输出"NO!"。

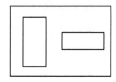

注意：

① 大窗口内的两个小窗口不能重叠，比如下面的情况是不可以的。

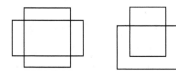

② 内窗口的边应与外窗口的边平行，即内窗口不可以斜放，如下图是不可以的。

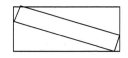

③ 窗口的边可以重叠。

④ 允许小窗口旋转 90°后放到大窗口中。

输入：共三行，每行两个正整数，分别表示每个矩形窗口的两个相临边的边长，其值都小于等于 1 000。

输出：字符串"YES!"或"NO!"代表窗口能否按题面描述嵌套的判断结果。

输入样例 1	30 30 8 9 5 10	输出样例 1	YES!
输入样例 2	8 9 5 10 10 5	输出样例 2	NO!

题 3-11 多路选择的 switch 语句：简单计算器

设计一个简单的计算器，要求能进行整数和小数的加、减、乘、除运算。

输入：三行，第一行为运算符 op，如：＋－＊/分别代表四则运算的加减乘除，第二行和第三行为两个双精度浮点型运算数 x 和 y。

输出：x,y 进行 op 类型运算的结果，即 x op y 的值，运算结果保留两位小数。若除法运算时，除数 y 为 0，则输出 invalid expression。

输入样例	＋ 10.19 12.3	输出样例	22.49

题 3-12 选择结构的嵌套：交换生条件审核

学校拥有一些针对大二学生的与国外大学进行交流的交换项目，报名的学生很多，但是只有达到一定要求的人才能通过初审，要求如下：对于三好学生要求 GPA 不低于 3.5 或大一上、下两学期平均分均不低于 80（仅包含数学分析、离散数学、体育三科），对于非三好学生要求 GPA 不低于 3.6 或大一上、下两学期平均分均超过 85。请帮助负责审核交换生申请材料的老师设计一个程序，检查某位申请交换的学生是否符合条件。

输入：三行数据，第一行为一个整数和一个双精度浮点数，分别代表该生是否为三好学生（是为 1，否为 0）和 GPA，接下来两行整数分别代表参加审核的学生大一上、下两学期的成绩，成绩的排列顺序为：数学分析、离散数学、体育，每门成绩之间用空格分开。

输出：一个字符串，APPROVED 或 REJECTED，分别代表该生初审结果为通过或未通过。

输入样例	0 3.57 82 86 90 88 86 85	输出样例	APPROVED

题 3-13 选择结构的嵌套：观影计划

某观众计划于当天到电影院观看近期新上映的电影。由于他的居住地偏僻，到达电影院需要 40 分钟，如果到达时间与影片开始时间相同，则能够赶上观看电影，若晚于影片开始时间，则无法赶上电影，不能入场观看。已知他当天能够出发观影的空闲时段和各场次电影（共 3 场）的开始时间，编程求出他可以选择观看电影的场次。

输入：第一行一个时间，格式为小时:分钟（24 小时制），代表该观众空闲时间开始的时间点。为了简化输入与输出，整点为 15:0，若小时或分钟只有一位，不需要加 0 补齐，如 7:8 代表七点过八分。第二行输入三个时间，分别为影片开始时间，格式与第一行相同，如 15:40，每个时间以空格隔开。保证输入的时间均合法。

输出：可以观看的场次开始时间，每个时间一行。如果没有任何一场可以赶上，则输出"NO!"。

输入样例 1	15:0 15:20 15:45 16:0	输出样例 1	15:45 16:0
输入样例 2	16:0 15:50 16:20 16:35	输出样例 2	NO!

题 3-14　多路分支选择结构：方向判断

小明在森林里迷路了，假设以小明的当前位置为直角坐标系的原点，已知目的地的坐标为 (x,y)，请帮他指明目的地的方向。方向定义如下：

N、S、E、W 分别表示北、南、东、西。如 N 表示正北方向。NE、NW、SE、SW 分别表示北偏东、北偏西、南偏东、南偏西，后面要加一个方位角。如 NE60，表示北偏东 60°。

输入：一行，两个用空格隔开的整数 $x,y(-10\,000<x,y<10\,000)$，表示目的地坐标。

输出：一行，输出目的地的方向(方位角保留两位小数，π 取 3.141 592 65)，若目的地与小明重合，输出 Bingo。

输入样例 1	1 0	输出样例 1	E
输入样例 2	−4 3	输出样例 2	NW53.13

题 3-15　while 循环(计数器控制)：判断 2 的幂次数

请编程判断一个数是不是 2 的幂，如果是，请输出 222；如果不是，请输出这个数的二进制表示中有多少个 1。

输入：多组数据，第一行为组数 $T(0<T\leqslant1\,000\,000)$。接下来 T 行，每行一个整数 $n(0<n<263)$。

输出：对于每组数据，按题目对应的要求输出一行。

输入样例	3 2 3 5	输出样例	222 2 2
样例说明	2 是 2 的幂，所以输出 222；3 不是，3 的二进制存储为 11，所以输出 2；5 的二进制存储为 101，所以输出 2。		

题 3-16　while 循环(标志控制)：破译密码

通信员小 A 截获了敌国通信的密码字符串。已知原密码是字符串中每个字符 ASCII 码加上 4 的字符表示,现在请帮他还原原本的密码。

　　输入:输入一行,包括一个字符串(可以用%c 读入单个字符,或者用%s 读入整个字符串,读入的字符串将以 '\0' 结束),字符串长度不超过 100。注意输入样例的末尾有一个特殊字符(ASCII 码为 96)。

　　输出:输出一行,还原之后的字符串。

输入样例	Dahhksknh	输出样例	Helloworld

题 3-17　do while 循环(标志控制):士兵站队

　　一队士兵隔墙站队,当每 a 个人站成一排,则最后一排只有 x 个人;当每 b 个人站成一排,则最后一排只有 y 个人;当每 c 个人站成一排,则最后一排只有 z 个人。请编程计算这队士兵最少有多少人?

　　输入:第一行,由空格分隔的两个整数 a,x;第二行,由空格分隔的两个整数 b,y;第三行,由空格分隔的两个整数 c,z。其中 $1\leqslant a,b,c\leqslant100,1\leqslant x<a,1\leqslant y<b,1\leqslant z<c$。数据保证有解。

　　输出:一个整数,表示满足条件的非 1 的最少人数。

输入样例	5 3 7 2 9 5	输出样例	23

题 3-18　for 循环(计数器控制):日历计算

　　已知 1900 年 1 月 1 号是星期一,请编程实现输出任意一个月的日历。

　　输入:输入年份 m,月份 n($1\,900\leqslant m\leqslant1\,500\,000\,000,1\leqslant n\leqslant12$)。$m,n$ 之间用空格分开。

　　输出:多行输出,第一行打印表头" Sun Mon Tue Wed Thu Fri Sat",接下来多行在相应的位置上填入属于本月的日期,每一列右对齐。注意:Sun 前面有一个空格,每两个单词之间也有一个空格。

输入样例	2017 10	输出样例	Sun Mon Tue Wed Thu Fri Sat 1　2　3　4　5　6　7 8　9　10　11　12　13　14 15　16　17　18　19　20　21 22　23　24　25　26　27　28 29　30　31

题 3-19 for 循环(计数器控制):求数列的一项

数列 $A=1,1,3,5,11,21,\cdots$,其中 $a_i=2a_{i-2}+a_{i-1}(i\leqslant3)$。数列下标从 1 开始编号。请求出这个数列的第 n 项。

输入:输入一行,一个整数 $n(n\in[1,50])$。

输出:一个整数,代表 a_n(数列的第 n 项)。结果数值可能较大,要用到 long long(输出用%lld)。

输入样例	4	输出样例	5

题 3-20 for 循环:理财计划

Terry 的零花钱一直都是自己管理。每个月的月初,妈妈给 Terry 300 元钱,Terry 会预算这个月的花销,并且总能做到实际花销和预算的相同。Terry 可以随时把整百的钱存在妈妈那里,到了年末她会加上 20% 还给 Terry。因此 Terry 制定了一个计划:每个月的月初,在得到零花钱后,他就把手中扣除掉预算之后的整百的钱存在妈妈那里,剩余的钱留在自己手中。Terry 发现这个计划的主要风险是,存在妈妈那里的钱在年末之前不能取出,而有可能在某个月的月初,Terry 手中的钱加上这个月的零花钱,不够这个月的原定预算。如果出现这种情况,Terry 将不得不在这个月省吃俭用,压缩预算。现在请根据某年 1 月到 12 月每个月 Terry 的预算,判断会不会出现这种情况。如果不会,计算到这年年末,妈妈将 Terry 平常存的钱加上 20% 还给 Terry 之后,Terry 手中会有多少钱。

输入:12 行,每行包含一个小于 350 的非负整数,分别表示 1 月到 12 月 Terry 的预算。

输出:一行,只有一个整数。如果计划实施过程中出现某个月钱不够用的情况,输出 $-X$,X 表示出现这种情况的第一个月。否则输出到年末 Terry 手中会有多少钱。

输入样例	300 300 300 300 300 300 300 300 300 300 300 100	输出样例	240

题 3－21 循环嵌套：寻找完数

一个数如果恰好等于它的因子之和,这个数就称为"完数"。例如 6 的因子为 1、2、3,而 6＝1＋2＋3,因此 6 是"完数"。编写程序找出 1 000 以内的所有"完数"(设定"完数"不包括 1)。

输入:无

输出:从小到大输出 1 000 以内的所有"完数",每个数占一行。

题 3－22 循环嵌套：寻找质因数

请设计程序将指定范围内正整数的质因数按从小到大的顺序输出。

输入:一组测试数据,一个正整数 $n(1 < n < 10^6)$。

输出:把 n 的所有质因子按大小顺序从小到大输出。如果某个因子出现不止一次,则输出多次。

输入样例 1	12	输出样例 1	2 2 3
输入样例 2	97	输出样例 2	97

题 3－23 循环嵌套：等式填空

对于给定的一个某些数位被遮挡住的两位数乘法等式 $a\_ * \_b = \_cd\_$,其中 a,b,c,d 为给定的数字,a 代表第一个运算数的十位,b 代表第二个运算数的个位,c 和 d 分别代表结果的百位和十位。下划线的位置是需要填空的数位,可以分别填充一个 0~9 的数。对于一个填空方案 e,f,g,h,若满足 $ae * fb = gcdh$,则称为一个可行方案。编程输出所有的可行方案。

输入:多组数据。第一行是一个正整数 $T(T < 10)$,为数据的组数。每组数据一行,每行输入四个整数 $a,b,c,d(0 \leq a,c,b,d \leq 9)$,含义见题目描述。

输出:对于每组数据,若没有可行的填空方案,则输出一行"IMPOSSIBLE!"(注意感叹号)。否则输出若干行,每行按 e,f,g,h 的字典序来输出一个可行的填空方案,输出格式见样例,注意冒号后有一个空格,且等式直接按 $ae * fb = gcdh$ 的格式输出即可,不需要忽略前导 0。

输入样例	3 1 1 1 1 9 8 4 3 6 9 5 3	输出样例	case1: 10 * 11＝0110 IMPOSSIBLE! case1: 65 * 39＝2535 case2: 66 * 99＝6534
样例说明	对于第一组数据,仅有一个等式 10 * 11＝0110 满足,输出一行;对于第二组数据,无法满足等式,输出"IMPOSSIBLE!";对于第三组数据,有两个满足条件的等式,按照格式输出两行。		

题 3-24 循环嵌套：最短正整数序列

一些正整数可表示为 $m(m \geqslant 2)$ 个连续正整数之和，如 9 可以表示为 4+5，或 2+3+4。输入 $n(n \leqslant 10\ 000)$，请设计程序找出和为 n 的最短正整数序列。和为 n 的最短正整数序列的意思是，正整数 n 可表示为 $m(m \geqslant 2)$ 个连续正整数之和，并且 m 最小。例如，9=4+5=2+3+4，那么和为 9 的最短正整数序列就是 9=4+5。

输入：一行，一个正整数 n。

输出：一行，输出和为 n 的最短正整数序列。若这样的序列不存在，输出 -1。

输入样例	15	输出样例	15=7+8

3.3 题集解析及参考程序

题 3-1 解析 逻辑表达式的妙用：名次预测

问题分析：本题可以充分利用逻辑表达式的真值等于 1 的特点。每名选手的被预测名次与实际名次是否相等可以用一个逻辑表达式进行判断，对于所有这样的逻辑表达式，它们的值相加即为预测正确的个数。

实现要点：参考代码中的第 3 行用于计算被预测名次与实际名次相等的情形共出现几次。由于输出结果是用字符"*"进行标识的，利用 switch/case 语句将结果进行输出。参考代码片段如下：

```
1   int a,b,c,d,e,f,lucky;
2   scanf("%d%d%d%d%d%d",&a,&b,&c,&d,&e,&f);
3   lucky = (1==a) + (2==b) + (3==c) + (4==d) + (5==e) + (6==f);//巧用逻辑表达式
4   switch(lucky)
5   {
6   case 1:
7       printf("*");
8       break;
9   case 2:
10      printf("* *");
11      break;
12  case 3:
13      printf("* * *");
14      break;
15  case 4:
16      printf("* * * *");
17      break;
18  case 5:
19      printf("* * * * *");
20      break;
```

```
21  case 6:
22      printf(" * * * * * *");
23      break;
24  default:
25      printf("Sorry! Unlucky!");
26  }
```

题 3-2 解析　单分支选择结构：寻找第二小数

问题分析：对三个数两两进行比较，经过三次比较并进行元素值交换，就可以得到一个按升序(或降序)排列的数列，输出中间元素，即可得到结果。

实现要点：本题直接通过单分支 if 语句就能实现。输入三个整数 a，b 和 c，经过比较与元素值交换后，三个元素大小关系为 $a \leqslant b \leqslant c$，三次比较分别为：① 判断 $b > c$，若成立，则交换，使得关系 $b \leqslant c$ 成立；② 判断 $a > c$，若成立，则交换，使得关系 $a \leqslant c$ 成立(通过前两步，c 为最大)；③ 判断 $a > b$，若成立，则交换，使得关系 $a \leqslant b$ 成立(此时，有 $a \leqslant b \leqslant c$)。参考代码片段如下：

```
1   int a,b,c,max;
2   scanf("% d % d % d",&a,&b,&c);
3   if(b>c){
4       max = b;
5       b = c;
6       c = max;
7   }
8   if(a>c){
9       max = a;
10      a = c;
11      c = max;
12  }
13  if(a>b){
14      max = a;
15      a = b;
16      b = max;
17  }
18  printf("% d\n",b);
```

题 3-3 解析　单分支选择结构：重逢时刻

问题分析：表盘上每大格 30°，每大格代表 1 h；每小格 6°，每小格代表 1 min。1 min 时间分针走 1 个小格，时针只走了 $1/60 * 5 = 1/12$ 个小格，所以每分钟分针比时针多走 11/12 个小格，时针分针重合即它们走过的角度是相同的。经过以上分析本题转化为了一个追及问题。

实现要点：根据以上分析，对于第 $n+1$ 个小时，在已经过去的 n 个小时中，两针走过的距离相差 $60 * n * 11/12$ 小格，再经过 y 分钟，相差 $(60 * n + y) * 11/12$ 小格，如果 $(60 * n + y) * 11/12$ 可被 60 整除，则说明二者重合，此时应有 $(60 * n + y) * 11/12 = 60 * n$，即 $y = 60 * n/11$。

同时需要注意,分针、时针指向 12 点的情况需要分别单独处理,需要使用条件语句(见代码第 8～14 行)即可分别处理分针和时钟指向 12 点时的特殊逻辑分支。参考代码片段如下:

```
1    int n;
2    double y;
3    int yy;
4    scanf("%d",&n);
5    n %= 12;
6    y = n * 60.0 / 11;
7    yy = y;
8    if(60 == y){
9        y = 0;
10       yy = 0;
11       n ++ ;
12   }
13   if(12 == n)
14       n = 0;
15   printf("%d:%d:%.7f",n,yy,(y - yy) * 60);
```

题 3-4 解析　单分支选择结构:方程求解

问题解析:二次方程的形式: $\dfrac{a}{x^2} + \dfrac{b}{x} + c = 0 (c \neq 0)$ 需判断是否无解、有一解或有两解。

实现要点:① 根据初等数学的知识,注意分类讨论系数的取值,即在 $a = 0$ 时方程退化为一次方程等情况,从而得到题目要求的不同输出,具体的情况可以看代码中的注释。建议在动手写代码之前先把这些情况理清楚,可以拿笔画个关系图梳理一下。② 对于计算实数解的问题,可以采取 double 代替 int 进行计算,但由于计算机表示浮点数的误差问题,使得浮点数在判断相等关系时会有误差。建议引入一个精度范围 EPS,如 # define EPS 1e－12,这时可以利用 fabs(a－b)＜EPS 语句,如果该表达式为真,便可以认为浮点数 a 和 b 相等。参考代码片段如下:

```
1    double a,b,c,x1,x2,tmp; //为方便计算实数解,用 double 代替 int
2    while(scanf("%lf%lf%lf",&a,&b,&c) ! = EOF) //while(scanf() ! = EOF)用于多组数据输入
3    {
4        if(fabs(a)<EPS) //a = 0,方程变为 b/x + c = 0
5        {
6            if(fabs(b)<EPS) //b = 0,方程变为 c = 0 无解
7                printf("NO Solution\n");
8            else
9                printf("%.2f\n", - b / c);
10       }
11       else //a 不为 0,方程即 cx² + bx + a = 0
12       {
13           double delta = b * b - 4 * a * c; //计算 delta
14           if(fabs(delta)<EPS) //delta = 0,有且仅有 1 解
15               printf("%.2f\n", - b /(2 * c));
```

```
16              else if(delta>0.0) //有两解
17              {
18                  x1 = (-b-sqrt(delta))/(2*c);
19                  x2 = (-b+sqrt(delta))/(2*c);
20                  if(x1>x2) //若 x1 更大,交换二者再输出
21                  {
22                      tmp = x1;
23                      x1 = x2;
24                      x2 = tmp;
25                  }
26                  printf("%.2f %.2f\n",x1,x2);
27              }
28              else
29                  printf("NO Solution\n");
30          }
31      }
```

注意 1：在程序编写的过程中,要特别注意运算符的优先级,留意 C 语言数据类型之间的隐式转换。例如,本题中"除以 2c"的正确写法是"/(2*c)",而不是"/2*c"。

注意 2：浮点数的计算精度和它的输出精度无关。浮点数的计算精度受它和实际值间的误差范围影响,而浮点数的输出精度则是由格式控制字符串决定的。可以考虑使用 double 代替整型变量以获得更大的表示范围,否则请考虑 int 型数据的上溢问题。输出结果保留 2 位小数可以使用"%.2f"的方法。

题 3-5 解析　双分支选择结构：直线与圆

问题分析：本题的关键是利用坐标系上的两点坐标写出直线方程 $Ax+By+C=0$,即根据 $(x1,y1)$ 和 $(x2,y2)$ 确定系数 A,B,C。根据点到直线的距离公式 $d=\dfrac{Ax+By+C}{\sqrt{A^2+B^2}}$ 求出直线与圆的位置关系。

实现要点：首先按照多组数据输入的程序框架依次接收每组输入(见代码第 2 行),利用双分支选择结构分别处理该直线是否与 y 轴平行(即系数 $B=0$)的情况。若 $x1=x2$,则 $A=1$, $C=-x1$;否则按照已知直线上两点求直线方程的公式将 A,B 和 C 求出。参考代码片段如下：

```
1   double x1,y1,x2,y2,x3,y3,r,a,b,c,d;
2   while(scanf("%lf%lf%lf%lf%lf%lf%lf",&x1,&y1,&x2,&y2,&x3,&y3,&r) != EOF)
3   {
4       if(fabs(x1-x2) <= EPS)
5       {
6           a = 1;
7           b = 0;
8           c = -x1;
9       }
10      else
11      {
```

```
12        a = (y2 - y1) / (x2 - x1);
13        b = -1;
14        c = y1 - a * x1;
15    }
```

用点到直线的距离公式将 d 求出,根据 d 和 r 的大小关系,用条件语句判断直线与圆的位置关系,按照题目要求输出 0,1 或 2。实现过程中需要注意的是本题对精度的要求,由于 math.h 库函数均存在精度误差,因此浮点数的严格相等往往难以保证,与题 3-4 类似,用一个极小数 EPS 进行判断,只要 d 与 r 之差的绝对值小于 EPS,就可以认为它们相等。

```
16    d = fabs(a * x3 + b * y3 + c) / sqrt(a * a + b * b);
17    if(fabs(d - r) <= EPS)
18    {
19        printf("1\n");
20    }
21    else if(d < r)
22    {
23        printf("2\n");
24    }
25    else
26    {
27        printf("0\n");
28    }
29    }
```

题 3-6 解析　双分支选择结构：温度转换

问题分析：由题意可以推知以下摄氏温度和华氏温度的转换公式：

$$C = (F - 32) \times 5/9 \tag{1}$$

$$F = 32 + 9/5 \times C \tag{2}$$

根据接收到的输入,依据以上公式就可以完成温度的转换。

实现要点：用分支语句判断给定的是哪种温度计量单位,从而选择使用公式(1)或公式(2)计算结果并按照要求的格式输出。参考代码片段如下：

```
1     int t;
2     char c;
3     double n;
4     scanf("<%d><%c>",&t,&c);
5     if(c == 'C') {
6         n = 32 + 1.8 * t;
7         printf("<%d><C> = <%.1f><F>\n",t,n);
8     }
9     else if(c == 'F') {
10        n = (t - 32) * 5.0 / 9.0;
```

```
11        printf("<%d><F> = <%.1f><C>\n",t,n);
12    }
```

题 3-7 解析　双分支选择结构：统计阶乘的尾数 0

问题分析：根据阶乘的规律，$n!$ 最后连续的 0 的个数与 $1,\cdots,n$ 中因子 5 的个数相同，因为本题 n 最大 24，所以 $1,\cdots,n$ 中的每个数的因子 5 的个数最多为 1。对于区间 $[0,4]$ 中的 n，$n!$ 末尾 0 的个数为偶数；对于区间 $[5,9]$ 中的 n，$n!$ 末尾 0 的个数为奇数；对于区间 $[10,14]$ 中的 n，$n!$ 末尾 0 的个数为偶数；对于区间 $[15,19]$ 中的 n，$n!$ 末尾 0 的个数为奇数；对于区间 $[20,24]$ 中的 n，$n!$ 末尾 0 的个数为偶数。

实现要点：归纳以上的分析结果，在实现时可根据 n 在奇/偶区间来分类。若 n 在奇数区间，直接统计末尾 0 的个数为偶数的数量；若 n 在偶数区间，则用 n 减去末尾 0 的个数为奇数的数量。以上分区间处理的过程用双分支选择结构实现。参考代码片段如下：

```
1    int n,ans,k;
2    scanf("%d",&n);
3    k = n / 5;
4    if(k % 2 == 0) {
5        ans = n - k / 2 * 5 + 1;
6    }
7    else {
8        ans = (k / 2 + 1) * 5;
9    }
10   printf("%d\n",ans);
```

题 3-8 解析　双分支选择结构：字符大小写转换

问题分析：根据题目要求，在不断读入数据时须首先判断该字符是否是英文字符，对英文字符作大小写转换即可。

实现要点：读入数据可用 getchar() 函数实现，再对读入的数据进行判断和大小写转换。大小写转换可用异或的方式进行。参考代码片段如下：

```
1    char c;
2    while((c = getchar()) ! = EOF)
3    {
4        if(isalpha(c))
5            putchar(c^32);
6        else
7            putchar(c);
8    }
```

题 3-9 解析　多分支条件语句：求解分段函数

问题分析：分段函数的求解可直接利用多分支选择结构，根据题意进行模拟。

实现要点：在编程实现时，需要注意题目的数据范围，int 范围内的整数经过该分段函数计算后，有可能超出需要整型数的表示范围，因而需要使用 long long 类型的变量来存储输入（见代码第 1 行）和打印输出（见代码第 4、6、8 行）。参考代码片段如下：

```
1    long long x;
2    scanf(" %lld",&x);
3    if(x<1)
4        printf(" %lld\n",x);
5    else if(x<10)
6        printf(" %lld\n",2*x-3);
7    else
8        printf(" %lld\n",3*x-5);
```

题 3-10 解析　多分支条件语句：窗口的嵌套

问题分析：题目要判断一个大的矩形能否套两个小矩形。假设每个矩形可以用一对值 (x,y) 表示，x,y 分别代表该矩形的长和宽。则对于两个矩形 $X(a,b)$ 和 $Y(c,d)$，当且仅当 $a<c,b<d$ 或者 $b<c,a<d$（相当于 X 旋转 90°）时，矩形 X 可以嵌套在矩形 Y 中。例如矩形 $(1,5)$ 可以嵌套在矩形 $(6,2)$ 内，但不能嵌套在矩形 $(3,4)$ 中。因而首先要找出一个最大的矩形，然后尝试两个小矩形按不同的摆放方式能否满足嵌套的充分必要条件。

实现要点：将三个矩形的邻边长分别记为 $(a1,b1)$，$(a2,b2)$，$(a3,b3)$，首先将输入的每个矩形的相邻边长值进行比较和排序，保证每个矩阵的边长按（长，宽）的形式排列，实现代码如下：

```
1    int a1,a2,a3,b1,b2,b3,tmp,ans = 0;
2    scanf(" %d %d %d %d %d %d",&a1,&b1,&a2,&b2,&a3,&b3);
3    if(a1<b1)
4    {
5        tmp = a1;
6        a1 = b1;
7        b1 = tmp;
8    }
9    if(a2<b2)
10   {
11       tmp = a2;
12       a2 = b2;
13       b2 = tmp;
14   }
15   if(a3<b3)
16   {
17       tmp = a3;
18       a3 = b3;
19       b3 = tmp;
20   }
```

接下来比较三个矩形的大小,找其中最大的一个,参考代码片段如下,此时最大的矩形为
$(a1,b1)$。

```
21    if(a1 * b1<a2 * b2)
22    {
23        tmp = a1;
24        a1 = a2;
25        a2 = tmp;
26        tmp = b1;
27        b1 = b2;
28        b2 = tmp;
29    }
30    if(a1 * b1<a3 * b3)
31    {
32        tmp = a1;
33        a1 = a3;
34        a3 = tmp;
35        tmp = b1;
36        b1 = b3;
37        b3 = tmp;
38    }
```

然后对两个小矩形$(a2,b2)$,$(a3,b3)$在大矩形$(a1,b1)$中的摆放方式进行枚举。对每个
小矩形首先尝试矩形水平摆放是否能嵌套,然后尝试旋转90°摆放(见代码第39~42行);当第
一个小矩形确认能嵌套后,继续枚举第二个小矩形的摆放方式是否满足在剩余区间内嵌套的
条件,设定标记变量 ans 记录嵌套成功与否。枚举完毕后,依据 ans 取值情况(0 或 1)按题面
要求输出对应的字符串。参考代码片段如下:

```
39    if(a1> = a2)
40        tmp = b2;
41    else
42        tmp = a2;
43    if(a1> = a3)
44        tmp + = b3;
45    else
46        tmp + = a3;
47    if(tmp < = b1)
48        ans = 1;
49    else if(b1> = b2 && b1> = b3) {
50        if(b1> = a2)
51            tmp = b2;
52        else
53            tmp = a2;
54        if(b1> = a3)
55            tmp + = b3;
56        else
```

```
57        tmp + = a3;
58        if(tmp < = a1)
59            ans = 1;
60    }
61    if(1 == ans)
62        printf("YES! \n");
63    else
64        printf("NO! \n");
```

题 3-11 解析　多路选择的 switch 语句：简单计算器

问题分析：实现简单计算器的关键是根据输入运算符号的不同,将操作数进行不同的四则运算(加减乘除)。

实现要点：对于不同的运算符 op,选择不同的四则运算,因而考虑使用多分支选择的 switch/case 语句,将接收到的 op 作为判断分支跳转的条件。参考代码片段如下:

```
1     char op;
2     double x,y,result = 0;
3     scanf(" % c",&op);
4     scanf(" % lf",&x);
5     scanf(" % lf",&y);
6     switch(op)
7     {
8     case '+':
9     result = x + y;
10        break;
11    case '-':
12        result = x - y;
13        break;
14    case '*':
15        result = x * y;
16        break;
17    case '/':
18        if(fabs(y)< 1e-10)   //判断浮点数 y 是否等于 0
19        {
20            printf("invalid expression");
21            return 1;
22        }
23        else
24            result = x / y;
25    }
26    printf(" %.2f",result);
```

注意：控制结构允许嵌套。本题在一个 switch 控制结构里嵌套了一个 if 结构。判断浮点数是否等于 0 需要借助库函数 fabs() 进行。

题 3-12 解析　选择结构的嵌套：交换生条件审核

问题分析：根据题意，对于交换生是否通过审核，首先需要考虑该生是否是三好学生，然后需要同时考虑 GPA 和平均分，以上两个条件（GPA 要求、平均分要求）满足其一即可；而平均分又分为上学期平均分和下学期平均分，这两个条件需要同时满足审核要求。

实现要点：直接根据以上分析，用条件语句模拟选择分支，利用 GPA、是否三好学生、平均分（或总分）的组合作为判断条件。将是否三好学生的标志（$x=0$ 或 $x=1$）作为外层选择结构的判断条件；将 GPA 和上、下学期平均分是否满足审核条件的表达式用逻辑运算符连接组成嵌套选择结构的判断条件。参考代码片段如下：

```
1    int x,a,b,c,sum1,sum2;
2    double GPA;
3    scanf("%d %lf",&x,&GPA);
4    scanf("%d %d %d",&a,&b,&c);
5    sum1 = a + b + c;
6    scanf("%d %d %d",&a,&b,&c);
7    sum2 = a + b + c;
8    if(x == 1) {
9        if(GPA >= 3.5 ||(sum1 >= 240 && sum2 >= 240))
10           printf("APPROVED\n");
11       else
12           printf("REJECTED\n");
13   }
14   else if(x == 0) {
15       if(GPA >= 3.6 ||(sum1 > 255 && sum2 > 255))
16           printf("APPROVED\n");
17       else
18           printf("REJECTED\n");
19   }
```

题 3-13 解析　选择结构的嵌套：观影计划

问题分析：首先将本题中涉及的时间分解成小时与分钟分别保存，则在判断预计到达时间与场次开始时间关系（早于或晚于）时，可以分别针对小时与分钟进行大小比较，从而判断出时间先后的关系。

实现要点：引入临时变量 count 来判断是否三个场次都不能赶上（见代码第 1 行）。需要注意的是，由于将小时与分钟分开存储在不同的变量中，路途上消耗时间为 40 min，在计算到达时间时，需要考虑小时是否需要加 1。可以将小时换算成分钟，之后只须比较换算后结果即可（见代码第 3～8 行）：

```
1    int a1,b1,c1,d1,a2,b2,c2,d2,count = 0;
2    scanf("%d:%d %d:%d %d:%d %d:%d",&a1,&a2,&b1,&b2,&c1,&c2,&d1,&d2);
3    if(a2 + 40 > 60) {   //考虑加上 40 min 后可能小时需要加 1
4        a1 ++;
```

```
5        a2 - = 20;
6    }
7    else
8        a2 + = 40;
```

接下来可以用 if - else 选择结构进行时间先后序的比较。首先针对小时进行大小比较，若到达时间的小时数比电影开始时间的小时数小，则该场电影可以赶上，直接输出结果；若小时数相等则再比较分钟数。按照以上流程对输入的 3 场电影(开始时间分别为 $b1:b2,c1:c2,d1:d2$)依次进行判断，按照题意输出。参考代码给出了第 1 场电影的判断，参考代码片段如下，其余场次同理判断即可：

```
9    if(a1<b1)          //针对小时进行大小判断
10       printf(" % d: % d\n",b1,b2);
11   else if(a1 == b1) {   //若相等再判断分钟的大小关系
12       if(a2 < = b2)
13           printf(" % d: % d\n",b1,b2);
14       else
15       count ++ ;
16   }
17   else
18       count ++ ;
```

题 3-14 解析　多路支选择结构：方向判断

问题分析：本题主要考查利用 if 实现不重不漏的分类讨论。根据目的地在直角坐标系的位置，可以分成 9 种情况：原点、正 x 轴、负 x 轴、正 y 轴、负 y 轴以及四个象限。

实现要点：可以利用数学函数 atha() 计算角度，根据坐标情况输出判断。注意输出格式和精度判断。参考代码片段如下：

```
1    double x,y;
2    scanf(" % lf % lf",&x,&y);
3    double angle = atan(y / x) * 180 / PI;
4    if(fabs(x)<1e - 6 && fabs(y)<1e - 6) printf("Bingo");
5    else if(fabs(y)<1e - 6 && x>0) printf("E");
6    else if(fabs(y)<1e - 6 && x<0) printf("W");
7    else if(fabs(x)<1e - 6 && y>0) printf("N");
8    else if(fabs(x)<1e - 6 && y<0) printf("S");
9    else if(x>0 && y>0) printf("NE % .2f",90 - angle);
10   else if(x<0 && y>0) printf("NW % .2f",90 + angle);
11   else if(x<0 && y<0) printf("SW % .2f",90 - angle);
12   else if(x>0 && y<0) printf("SE % .2f",90 + angle);
```

题 3-15 解析　while 循环(计数器控制)：判断 2 的幂次数

问题分析：本题主要考查 while 循环的应用和位运算。首先利用二进制位运算判断一个数是否为 2 的幂,判断的方法是将数 a 与 $a-1$ 进行按位与运算,如果 a 是 2 的幂,则 a 的位模式上最高位是 1 其余都是 0,而 $a-1$ 的位模式上最高位是 0 其余都是 1,所以按位与运算后得到 0。如果 a 是 2 的幂,直接输出 222,如果不是则判断数 a 的位模式有多少个 1。具体的方法是将数 a 和 1 做按位与运算,如果末位是 1 的话就会得到 1,再将 a 右移一位,循环按位与操作得到 1 的个数。

实现要点:首先输入组数 t,通过 while 循环对 t 组数据进行分析,先通过按位与的方法判断是否为 2 的幂,如果不是再通过按位与和右移实现二进制 1 的个数计数。参考代码片段如下:

```
1   int t,ans;
2   scanf("%d",&t);
3   while(t--){
4       long long a;
5       scanf("%lld",&a);
6       ans=0;
7       if(!(a&(a-1)))//判断是否为2的幂
8           printf("222\n");
9       else{
10          while(a!=0){/*按位与和右移实现二进制1的个数计数*/
11              if((a&1)==1)
12                  ans++;
13              a=a>>1;
14          }
15          printf("%d\n",ans);
16      }
17  }
```

题 3-16 解析 while 循环(标志控制):破译密码

问题分析:本题主要考查对 while 循环和 ASCII 码表示字符的理解。输入的字符 c 在计算机中使用 ASCII 码表示,可以简单地通过对字符数据 c 加 4 完成密码破译。

实现要点:以字符格式得到每一个字符(见代码第 2 行),加 4 之后输出即可得到需要的结果。参考代码片段如下:

```
1   char c;
2   while(scanf("%c",&c)!=EOF)
3       printf("%c",c+4);
```

题 3-17 解析 do while 循环(标志控制):士兵站队

问题分析:主要考查 do while 循环。可采用枚举法,从 2 开始往上数验证每个数是否满足条件。

实现要点:从数字 2 开始,验证是否满足除以 a 余 x,除以 b 余 y,除以 c 余 z,如果都满足,则输出这个数,结束;如果不满足则加 1 进入下一循环。参考代码片段如下:

```
1   int a,b,c,x,y,z,i;
```

```
2    scanf("%d%d%d%d%d%d",&a,&x,&b,&y,&c,&z);
3    //以下写法等价于 for(i=2; ; ++i)
4    i=2;
5    do{
6        if((i % a==x) &&(i % b==y) &&(i % c==z)) {
7            printf("%d\n",i);
8            return 0;
9        }
10   }while(++i);
```

注意：本题的求解也可以等价地使用 for 循环，实现方法参考第 3 行。

题 3－18 解析　for 循环(计数器控制)：日历计算

问题分析：四年一闰，百年不闰，四百年再闰。闰年 366 天，非闰年 365 天，注意到 365%7＝1，366%7＝2，每过一个非闰年 1 月 1 日的星期数加 1(mod 7)，每过一个闰年 1 月 1 日的星期数加 2(mod 7)，从而计算出 m 年 1 月 1 日对应的星期数。然后通过计算 m 年 n 月 1 日与 1 月 1 日相差的天数，得出 m 年 n 月 1 日对应的星期数以及天数。由于 Sun 前面有一个空格，每两个单词之间也有一个空格，每个日期占四格。

实现要点：首先通过当前年份 m 计算 m 年 1 月 1 日星期几，然后得到 m 年 n 月 1 日星期几，用 first_date 表示，并得到 m 年 n 月的天数。按照格式输出时，注意第一行不填日期的部分用四个空格代替，所有数字要按右对齐。参考代码片段如下：

```
1    int m,n,day,is_leap=0,first_date,days_in_month;
2    /* day 用于计算 n 月第一天是星期几,计算结果用 first_date 表示,days_in_month 表示该月有
     多少天 */
3    int i,j;
4    scanf("%d %d",&m,&n);
5    /* 注意到 365%7=1,366%7=2,可以利用一些数学知识化简计算 */
6    day=m-1900 +(m-1901)/4 -(m-1901)/100 +(m-1601)/400;
7    if((m % 4==0 && m % 100! =0) || m % 400==0)
8        is_leap=1;
9    for(i=1; i<n; i++)
10   {
11       if(i==2) day +=is_leap ? 29 : 28;
12       else if(i==1 || i==3 || i==5 || i==7 || i==8 || i==10 || i==12)
13           day +=31;
14       else
15           day +=30;
16   }
17   day +=1; //1900 年 1 月 1 日是星期 1
18   first_date=day % 7;
19   if(n==2) days_in_month=is_leap ? 29 : 28;
20   else if(n==1 || n==3 || n==5 || n==7 || n==8 || n==10 || n==12)
21       days_in_month=31;
```

```
22   else
23       days_in_month = 30;
24   printf(" Sun Mon Tue Wed Thu FriSat\n");
25   for(i = 0; i<first_date; i++ )
26       printf("    ");   //每个单词应占 4 个字空
27   for(j = 1; j <= days_in_month; j++){
28       printf("% 4d",j);
29       i++ ;
30       if(i == 7){
31           printf("\n");
32           i = 0;
33       }
34   }
```

题 3－19 解析　for 循环(计数器控制)：求数列的一项

问题分析：本题主要考查 for 循环的应用。每一项都只跟前两项有关，可以通过保存前两项的值，求出第三项，再舍弃掉前一项的值，通过第二项和目前求出的第三项，求出第四项的值，如此循环操作得到第 n 项的值。因为 n 是一个可以确定的值，所以可以使用计数器控制循环。

实现要点：由于 n 是确定的，使用 for 循环按照公式计算答案即可。答案的数值可能较大，甚至超出整型所能表示的范围，所以注意使用 long long 储存数列的值。参考代码片段如下：

```
1    int n,i;
2    scanf("% d",&n);
3    long long ai,ai_2,ai_1;
4    if(n<3)
5        ai = 1;
6    else{
7        ai_2 = 1;
8        ai_1 = 1;
9        for(i = 3; i <= n; ++i){
10           ai = 2 * ai_2 + ai_1;
11           ai_2 = ai_1;
12           ai_1 = ai;
13       }
14   }
15   printf("% lld\n",ai);
```

题 3－20　解析 for 循环：理财计划

问题分析：本题主要考查 for 循环的应用。本题的所谓存钱，就是每个月将手中超出预算的整百的钱上交，看最后累加有多少钱，这就是一个循环的过程，可以用 for 循环来实现；同时如果预算超出本月的收入，则只要输出该月份的负值。

实现要点：本题中循环次数确定，所以可以用计数器控制循环模拟整个过程。每次循环，先检查是否出现预算不够的情况，如果出现了就记录第一次出现的月。12 个月过后，看是否出现预算不够的情况，如果出现就将月份取负输出。否则，将存款乘以 1.2 倍再加上手中的零钱，将最后的结果输出。参考代码片段如下：

```c
1    int salary,b,pin,d,handing,banking;
2    handing = 0;
3    banking = 0;
4    pin = 0;
5    d = 13;
6    for(b = 1; b <= 12; b++){
7        scanf("%d",&salary);
8        if(handing + 300 < salary){
9            pin = 1;
10           d = (d < b) ? d : b;
11       }
12       else{
13           banking = banking + (300 + handing - salary) / 100 * 100;
14           handing = (handing + 300 - salary) % 100;
15       }
16   }
17   if(pin == 1)
18       printf("-%d\n",d);
19   else{
20       banking = banking * 12 / 10;
21       printf("%d",banking + handing);
22   }
```

题 3－21 解析　循环嵌套：寻找完数

问题分析：本题考查嵌套循环。要寻找 1 000 内的完数，可以采用枚举的方法。实现时首先需要一层循环来遍历所有的数，然后针对每个数，还需要一层循环来找出这个数的因子，并判断是否是一个完数，通过这两层的嵌套循环，便可以实现本题。

实现要点：外层 for 循环从 2 到 1 000 按从小到大对 m 取值；内层 for 循环，计算 m 的因子数，并判断 m 是否为完数，如果是，则输出显示。参考代码片段如下：

```c
1    int m,s,i;
2    for(m = 2; m < 1000; m++){
3        s = 0;
4        for(i = 1; i < m; i++)
5            if((m % i) == 0)
6                s = s + i;
7        if(s == m)
8            printf("%d\n",m);
9    }
```

题 3 - 22 解析 循环嵌套：寻找质因数

问题分析：本题考查嵌套循环。需要通过两层循环来遍历找到这个数的因数,从质数 2 开始,看看能否被整数整除。若能整除,则计算整除后的商的质因数,直至商与最后一个质数相等;若不能整除,再继续寻找下一个质数能否被整数整除。

实现要点：外层循环从 2 开始到该数,内层循环的判断条件是是否可以被该数整除,如果可以则输出这个质因数,如果不可以则跳到外层循环,开始查找下一个质因素。参考代码片段如下：

```
1    int i,n,m,prime = 1,count;
2    scanf("%d",&n);
3    m = n;
4    for(i = 2; i<n; i++){
5        count = 0;
6        while(m % i == 0){
7            prime = 0;
8            count++;
9            m /= i;
10       }
11       while(count--)
12           printf("%d",i);
13   }
14   if(prime)
15       printf("%d",n);
```

题 3 - 23 解析 循环嵌套：等式填空

问题分析：本题主要考查 for 循环的应用,可以使用枚举法。为了满足字典序的要求,e,f,g,h 都应从 0 开始枚举到 9,且枚举顺序(循环顺序)应该是 e,f,g,h,每枚举一个方案判断是否满足等式,是则按格式输出,并将记录填空方案数量的变量加 1。枚举结束后若记录到的填空方案数为 0,则输出"IMPOSSIBLE!"。

实现要点：主要采用了 4 层的嵌套循环,分别对应 e,f,g,h,从最内层检查等式是否成立,如果成立就输出等式,不成立则检查下一个量;cnt 变量用于记录可行的方案数,如果数量为 0,说明不存在方案。参考代码片段如下：

```
1    int t;
2    scanf("%d",&t);
3    while(t--){
4        int a,b,c,d,e,f,g,h;
5        scanf("%d%d%d%d",&a,&b,&c,&d);
6        int cnt = 0;
7        for(e = 0; e<10; ++e)
8            for(f = 0; f<10; ++f)
9                for(g = 0; g<10; ++g)
```

```
10                  for(h = 0; h<10;  ++h)
11                      if((a * 10 + e) * (f * 10 + b) == (1000 * g + 100 * c + 10 * d + h))
12                          printf("case%d: %d%d* %d%d= %d%d%d%d\n", ++cnt,a,
13                                  e,f,b,g,c,d,h);
14      if(! cnt)
15          printf("IMPOSSIBLE! \n");
16  }
```

题 3-24 解析　循环嵌套：最短正整数序列

问题分析：本题可以枚举每一个数列的起始数，然后判断以这个数为起始的数列是否满足条件，如果满足，则记下起始数和长度。注意：如果找到满足条件的新数列，需要比较其与已记录的数列的长度大小，如果新数列的长度小，则覆盖掉已记录的数列。

以一个起点开始的连续数列的和可以使用等差数列求和公式直接解出，设起始位置为 i，序列长度为 x，查看方程 $\dfrac{(i+i+x-1)\times x}{2}=n$ 是否成立，求出 i 和 x，这样的 i 和 x 可能有多对，而要求的最短的是 x 最小的，将数列长度从最小的可能取值 2 向大枚举，找到第一个满足条件的即是最短的正整数序列。

实现要点：通过两层循环实现，用 k 表示数列的长度，外层循环从最小值 2 开始遍历数列所有可能的长度值，找到第一个满足条件的数列长度 k 就结束循环，找到 k 后通过上面分析中的公式逆向算出起始值 tmp，内层循环从起始值 tmp 开始遍历数列，输出结果，当这样的序列不存在时，就输出 -1，参考代码片段如下：

```
1   int n,k,i;
2   scanf("%d",&n);
3   for(k = 2; k<=n / 2 + 1; k++){ //只枚举到n/2会丢失3 = 1 + 2
4       if((2 * n) % k == 0){
5           int tmp = 2 * n / k + 1 - k;//通过数列长度k求出数列的起始数
6           if((tmp & 1) == 0 && tmp ! = 0){
7               tmp /= 2;
8               printf("%d = ",n);
9               for(i = 0; i<k; i++){
10                  printf("%d",tmp + i);
11                  if(i ! = k - 1)
12                      printf(" + ");
13              }
14              break;
15          }
16      }
17  }
18  if(k == n / 2 + 2)
19      printf(" - 1");
```

3.4　本章小结

熟练掌握结构化程序设计的基本结构(顺序、选择、循环),并能理解和熟练掌握选择结构和循环结构进行程序设计是本章训练的重点。通过本章的训练,读者应牢固掌握选择结构和循环结构的含义及作用,熟练应用关系表达式、逻辑表达式表述问题,熟练掌握 if、if/else、switch、while、for、do while 六种语句的语法格式和执行过程,能够利用选择语句和循环语句完成较简单问题的求解。此外,应熟练掌握循环中计数器和标志控制的作用及其使用方法,理解逗号表达式的特点及表达式求解次序,能够组合简单选择结构和循环结构进行嵌套使用,或堆叠到顺序结构中实现更为复杂的控制逻辑,解决较复杂的问题。

第4章　函数及其应用

　　使用 C 语言的三种控制结构(顺序、选择和循环),采用自底向上的程序设计方法可以写出较复杂的程序。但是,随着程序规模的不断增大,开发和维护大程序最好的办法是从容易管理的小块和小组件开始。采用自顶向下的程序设计方法可以更方便地构建"强大"的程序。C 语言中完成相对独立功能的可重用代码段即为函数,它体现着模块化的编程思想。本章主要内容是函数及其应用,主要包括:模块化编程的思想、函数定义、函数原型以及函数实参的类型转换;函数调用与返回、函数之间传递信息的机制;变量的存储类、作用域(局部变量、全局变量);递归函数;常用的标准库函数。基本知识结构如图 4.1 所示。

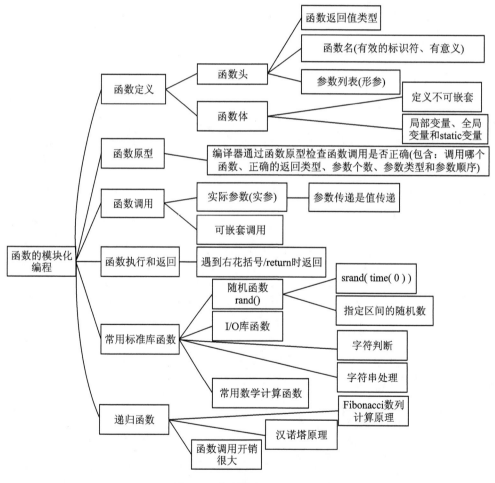

图 4.1　本章基本知识结构图

4.1　本章重难点回顾

4.1.1　递归思想

递归问题体现着计算思维中的分解和抽象。新问题与原问题相似,函数启动(调用)自己的最新副本来处理此新问题,称为递归调用(recursive call)或递归步骤(recursion step)。调用递归函数解决问题时,函数只能解决最简单的情况,称为基本情况。基本情况的函数调用只是简单地返回一个结果。对复杂问题调用函数时,函数将问题分成两个部分:函数中能够处理的部分和函数中不能处理的新问题。不能处理的新问题部分模拟原复杂问题,但复杂度减小(问题简化或缩小)。

例 4 - 1　Fibonacci 数列(斐波那契数列)的应用。

小明年初买回一对幼鸽,半年后幼鸽成熟,并繁殖出一对新幼鸽,此后该成熟鸽子每季度繁殖一对幼鸽。新幼鸽半年后也成熟并开始繁殖,且每季度繁殖一对幼鸽。问 2 年后小明家共有多少对鸽子? 5 年后呢?(设鸽子寿命为 10 年)

输入:一行,正整数 n。

输出:n 年后鸽子的对数。

输入样例	5	输出样例	5

题解分析:根据题意,每季度鸽子的对数为斐波那契数列 $1,1,2,3,5,8,\cdots$

季度	1	2	3	4	5	6	7	8	9	10	11	12
对数	1	1	2	3	5	8	13	?	?	?	?	?

$f(1)=1$

$f(2)=1$

$f(3)=f(2)+f(1)=1+1=2$

$f(4)=f(3)+f(2)=2+1=3$

$\vdots$

$f(n)=f(n-1)+f(n-2)$

由以上递推关系,可写出递归函数(见参考代码片段 12~18 行):

```
1    unsigned long fib(unsigned long); //递归函数,计算斐波那契数
2    void long_fib(unsigned long); //统计递归函数的运行时间
3    unsigned long t_S,t_E;
4    int main() {
5        int i;
6        for(i = 0; i <= 10; i++)
7            printf("fib(%2d) = %lu\n",i ,fib(i));
8        long_fib(40);
9        printf("-- - End -- -\n");
```

```
10        return 0;
11    }

12    unsigned long fib(unsigned long n) { //递归函数
13        unsigned long fn_1,fn_2;
14        if((n==0) ||(n==1)) return n;
15        fn_1 = fib(n-1);
16        fn_2 = fib(n-2);
17        return fn_1 + fn_2;
18    }

19    void long_fib(unsigned long n) {
20        t_S = clock();
21        printf("\nfib( %2d) = %lu\n",n,fib(n));
22        t_E = clock();
23        printf("    - - - - computing time is: %lu ms\n",t_E-t_S);
24    }
```

注意： Fibonacci 数列递归调用过程中的每一层递归对调用数有"加倍"的效果，以上参考代码片段的第 19～24 行完成函数运行时间的统计，第 n 个 Fibonacci 数的递归调用次数是指数函数 $a^n(a>1)$，这种问题能让强大的计算机望而生畏。应尽量避免使用计算时间为指数函数的算法。

4.1.2　变量的作用域

程序中一个标识符有意义的部分称为其作用域。C 语言中变量按作用域从大到小依次为：全局变量、函数外 static 变量、函数内 static 变量、局部变量。例如，块中声明局部变量时，其只能在这个块或这个块嵌套的块中引用。变量可以定义在函数内部（局部变量），也可以定义在函数外部（全局变量），存储在不同位置的变量有不同的性质，访问权限也不一样。函数体中变量成为局部变量，只能在函数中使用（作用域）。

例 4-2　全局变量、自动局部变量和 static 局部变量的作用域规则实例剖析。

块中声明的标识符的作用域为块范围。块范围从标识符声明开始，到右花括号（}）处结束。例如函数中局部变量、函数参数等。块嵌套时，如果外层块中的标识符与内层块中的标识符同名，则外层块中的标识符"隐藏"，直到内层块终止。内层块中标识符是本块中定义的，而不是外层标识符值。声明为 static 的局部变量尽管在函数执行时就已经存在，但该变量的作用域仍为块范围。存储时间不影响标识符的作用域（存在但不能访问），static 变量也不能是全局作用域（其他文件中访问）。参考以下代码来理解 C 语言中的作用域：

```
1    void useLocal(void);
2    void useStaticLocal(void);
3    void useGlobal(void);
4    int x=1;   //全局变量,不初始化时默认为 0
5    extern int test_y; //变量在其他地方定义
6    int main() {
```

```
7        int x = 5;      //main 函数的局部变量
8        printf(" % 4d: local x in main 1.\n",x);
9        {  //显式地开始一个新的作用域
10            int x = 7;  //变量 x 与外层块中标识符同名,外层块中的标识符被隐藏
11            printf(" % 4d: local x in main' inner.\n",x);
12        }      //当前作用域结束
13        printf(" % 4d: local x in main 2.\n",x);
14        useLocal();
15        useStaticLocal();
16        useGlobal();
17        useLocal();
18        useStaticLocal();
19        useGlobal();
20        printf(" % 4d: local x in main 3.\n",x);
21        return 0;
22    }


23    void useLocal(void) {
24        int x = 25;  //须初始化才能用! 没有默认值
25        printf(" % 4d: local x in useLocal 1.\n",x);
26        x ++ ;
27        printf(" % 4d: local x in useLocal 2.\n",x);
28        x ++ ;
29        printf(" % 4d: test y.\n",test_y);
30    }


31    void useStaticLocal(void) {
32        static int x = 50;  //当 useStaticLocal 函数被调用时,static 局部变量 x 被初始化为 50
33        printf(" % 4d: local x in useStaticLocal 1.\n",x);
34        x + = 5;
35        printf(" % 4d: local x in useStaticLocal 2.\n",x);
36    }


37    int test_y = 21;   //如果在访问它的函数之前定义,无须声明为 extern


38    void useGlobal(void) {
39        printf(" % 4d: local x in useGlobal 1.\n",x);
40        x * = 10;
41        printf(" % 4d: local x in useGlobal 2.\n",x);
42    }
```

运行结果如下:

```
5: local x in main 1.
7: local x in main' inner.
5: local x in main 2.
```

```
25：local x in useLocal 1.
26：local x in useLocal 2.21：test y.
50：local x in useStaticLocal 1.
55：local x in useStaticLocal 2.
1：local x in useGlobal 1.
10：local x in useGlobal 2.
  25：local x in useLocal 1.
  26：local x in useLocal 2.
  21：test y.
  55：local x in useStaticLocal 1.
  60：local x in useStaticLocal 2.
  10：local x in useGlobal 1.
100：local x in useGlobal 2.
  5：local x in main 3.
```

4.2 精编实训题集

题 4-1 定义与调用函数：三角形的判断

定义一个函数,用该函数判断对于给定范围$[1,10^4]$的三个正整数作为边长,能否构成三角形。如果能,则进一步判断所构成的三角形是普通三角形、等腰三角形,还是等边三角形。

输入：三个正整数 a,b,c,满足条件 $1 \leqslant a,b,c \leqslant 10^4$。

输出：如果是普通三角形,输出"regular triangle!";如果是等腰三角形,输出"isosceles triangle!";如果是等边三角形,输出"equilateral triangle!";如果不能构成三角形,输出"not a triangle!"。

输入样例 1	5 6 7	输出样例 1	regular triangle!
输入样例 2	5 5 7	输出样例 2	isosceles triangle!

题 4-2 定义与调用函数：猜素数

定义一个函数,用该函数对给定的 int 型整数 n,判断其是否为素数。注意：0,1 以及负数均不属于素数。

输入：多组数据。每组数据为一行,包含一个整数 n,保证 n 在 int 范围内。

输出：对于每组数据,若 n 是素数输出 yes,否则输出 no。

输入样例	23 9 1	输出样例	yes no no

题 4-3　定义与调用函数：cos(x)级数展开式

有公式 $\cos x = 1 - \dfrac{x^2}{2!} + \dfrac{x^4}{4!} - \cdots + (-1)^n \dfrac{x^{2n}}{(2n)!} + \cdots,\ -\infty < x < +\infty$，计算取前 m 项时的 $\cos(x)$ 值，其中 m 的取值范围为 $[1,50]$。要求精确到小数后 8 位，输出到标准输出上。

输入：两行，第一行一个浮点数 x，表示公式中的 x 的值（弧度制），$x \in [-\pi, \pi]$；第二行一个正整数 m，由题意有 $1 \leqslant m \leqslant 50$。

输出：一个浮点数，保留 8 位，表示 $\cos x$ 的值。

输入样例	3.14159256 10	输出样例	-1.00000000

题 4-4　定义与调用函数：分数相加与化简

给定两个正分数，求出它们的和，在标准输出上进行输出，要求输出和的最简形式。

输入：第一行为一个正整数 $T(T \leqslant 1\,000)$，表示共有 T 组数据；接下来是 T 行数据，每行包含四个正整数 $a, b, c, d\,(0 < a, b, c, d < 1\,000)$，表示两个分数 a/b 和 c/d。

输出：输出 T 行，对于每行中的一组测试数据 a, b, c, d，输出两个整数 e 和 f，表示 $a/b + c/d$ 的最简化结果 e/f。

输入样例	2 1 4 5 6 1 2 1 10	输出样例	13 12 3 5

题 4-5　定义与调用函数：星期几

按照公历日期的标准格式输入某日的日期，计算出当日是星期几，并输出星期几的英文缩写。输入输出格式参见样例。

输入：一个合法的公历日期，格式为"XXXXXXXX"，分别代表年（4 位）、月（2 位）、日（2 位）。

输出：当日对应星期几的英语缩写（3 个字母，首字母大写）。

输入样例 1	20200306	输出样例 1	Fri

题 4-6　定义与调用函数：求未遮挡面积

在平面直角坐标系中有三个四条边分别平行或垂直于两个坐标轴的矩形，它们之间存在平移遮挡的关系（见图 4.2）。

分别用矩形对角线的两个点的坐标表示矩形，以上三个矩形可分别记为 $A((x1, y1)$, $(x2, y2))$, $B((x3, y3), (x4, y4))$ 和 $C((x5, y5), (x6, y6))$。请编程求出矩形 A 中没有被

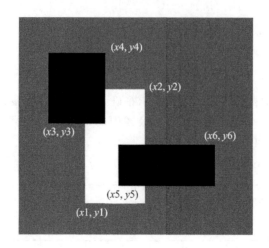

图 4.2　题 4-6 用图

矩形 B,C 遮挡区域的面积(即图 4.2 中白色区域)。

输入: 输入多组数据,第一行为数据组数 n;接下来 n 行,每行 6 对整数 $x1,y1,x2,y2,$ $x3,y3,x4,y4,x5,y5,x6,y6$,分别代表矩形 A,B,C 某条对线上的两点坐标(如图 4.2 所示)。其中,$1 \leqslant n \leqslant 150,-10^9 \leqslant x_i,y_i \leqslant 10^9 (\forall i \in [1,6])$。

输出: 对于每组数据,输出一行,为一个整数,表示矩形 A 未被覆盖的总面积。

输入样例	5 2 2 4 4 1 1 3 5 3 1 5 5 3 3 7 5 0 0 4 6 0 0 7 4 5 2 10 5 3 1 7 6 8 1 11 7 0 0 4 6 −1 1 3 6 1 −2 4 3 0 0 4 6 6 −1 1 1 3 4 −2	输出样例	0 3 3 4 4

题 4-7　全局变量的使用:熊猫序列

已知兔子序列(斐波那契序列)的产生过程如下:一对小兔子在出生的第 3 个月后可以繁殖并每月生一对小兔子。兔子的总对数以月为单位构成兔子序列:1,1,2,3,5,8……类似地,来研究熊猫的繁殖序列,假设它们的产生过程和兔子序列类似,一对小熊猫在出生的第 5 年后开始繁殖并且每年生一对小熊猫。该序列以年为单位。请编程输出熊猫序列中第 n 年熊猫对的数量与 10000007 的模运算结果,其中 n 的取值范围为 $[1,100]$。

输入: 一个整数 $n(1 \leqslant n \leqslant 100)$。

输出: 熊猫繁殖序列第 n 年熊猫对的数量与 10000007 的模运算结果。

输入样例	5	输出样例	2

题 4-8　标准库函数的使用:模拟投骰子

投一个骰子,点数为单数时玩家输,为双数时玩家赢。请写一段程序用随机函数模拟投骰子的过程。在标准输出上输出当前投出的点数,且输赢时分别输出 lose 和 win。

输入:无。

输出:win。

题 4-9 标准库函数的应用:求极坐标

读入 n 个点的直角坐标,编程依次输出它们对应的极坐标,其中 n 的取值范围为 $[1,$ $1\,000\,000]$。

输入:第一行为一个整数,代表点的总数量 n($1 \leqslant n \leqslant 1\,000\,000$)。接下来 n 行,每行两个整数 a,b($-500\,000 \leqslant a$,$b \leqslant 500\,000$)代表每个点的直角坐标。

输出:对于每个点,输出一行,包括两个 7 位小数 d、s,表示求得的输入点对应的极坐标。其中 d 为极径,s 为极角,s 应满足 $0 \leqslant s < 2\pi$。注意:对于特殊点 $(0,0)$,符合题意的输出应为 $0.0000000\ 0.0000000$。

输入样例	2 0 0 0 1	输出样例	0.0000000 0.0000000 1.0000000 1.5707963

题 4-10 标准库函数的应用:求面积

已知函数 $y = \sin(x^2)$ 的图像如图 4.3 所示。试用抛针法求该函数在 $x \in [0,n]$ 这个区间内与 x 轴围成的面积。

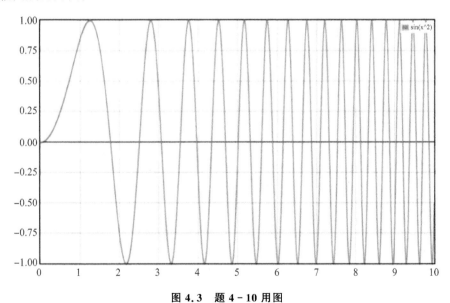

图 4.3 题 4-10 用图

输入:一个浮点数 n,$0 < n < 10$。

输出:函数 $y = \sin(x^2)$ 在 $x \in [0,n]$ 这个区间内与 x 轴围成的面积,保留 2 位小数。

输入样例	1	输出样例	0.31

题 4-11 递归函数：倒序输出

从标准输入依次读入给定的若干个在 int 范围内的整数，请编程将它们按照读入顺序的倒序输出。

输入：多行，每行一个 int 型的整数。

输出：多行，每行一个 int 型的整数，为所输入整数的反序。

输入样例	123 223 4399 6666 1212121	输出样例	1212121 6666 4399 223 123

题 4-12 递归函数：整数划分

所谓整数划分，是指把一个正整数 n 写成为 $n = m_1 + m_2 + \cdots + m_i$ 的形式，其中 m_i 为正整数，并且 $1 \leqslant m_i \leqslant n$；则 $\{m_1, m_2, \cdots, m_i\}$ 为 n 的一个划分。一个整数 n 可以有多个划分方案，如 $n = 5$ 时，划分方案有以下 7 种：

$5 = 5$

$5 = 4 + 1$

$5 = 3 + 2$

$5 = 3 + 1 + 1$

$5 = 2 + 2 + 1$

$5 = 2 + 1 + 1 + 1$

$5 = 1 + 1 + 1 + 1 + 1$

从标准输入上读入整数 n，n 为不大于 100 的正整数。编程求出并输出 n 共有多少种划分方案。注意：对于两种划分方案，当各个数及它们出现的次数（与出现顺序无关）对应相等，称这两个方案相同。例如，当 $n = 5$ 时，$5 = 2 + 1 + 1 + 1$ 和 $5 = 1 + 2 + 1 + 1$、$5 = 1 + 1 + 2 + 1$ 都是同一个划分方案。

输入：多组数据，第一行为一个正整数 $T(T < 10)$，为数据的组数。接下来 T 行表示每组数据，每一行为一个正整数 $n(0 < n \leqslant 100)$，代表待划分的整数。

输出：对于每组数据输出一行，为一个整数，代表对于该组数据的划分方案数。

输入样例	2 5 9	输出样例	7 30

题 4-13　递归函数：递归汉诺塔

汉诺塔（Hanoi Tower）是一个经典的可通过递归算法来求解的问题。现在，在原有的圆盘移动规则上追加了一条新的规则，即规定圆盘在移动过程中，不许直接从最左（右）边移到最右（左）边。假如现在有 n 个圆盘，那至少要多少次移动才能把这些圆盘从最左边移到最右边？请编程输出该问题的答案。

输入：多组数据，每组为一个正整数 n，代表圆盘的个数。

输出：对于每组输入，输出满足题意的最少移动次数。

输入样例	1 3 10	输出样例	2 26 59048

题 4-14　递归函数：走迷宫

假设一个迷宫是 $m*n$ 的矩形方格图（m 行 n 列），迷宫的行走路线只能为螺旋形顺时针向中心靠近。从左上角出发，每移动到相邻一格需要一步，现想知道从左上角出发行走到第 p 行 q 列需要几步。请编程求出。

例如：以下是一个 $4×5$ 的地图上，到每一格的步数所形成的矩阵 A：

```
 1   2   3   4   5
14  15  16  17   6
13  20  19  18   7
12  11  10   9   8
```

其中，矩阵中的每一个数字 $A_{m,n}$ 表示按照题意规定的走法，从左上角出发移动到当前位置 (m,n) 一共需要的步数，如移动到第 2 行 3 列需要 16 步。

输入：一行四个数，分别为 m,n,p,q，其中 $1 \leqslant n,m \leqslant 5\,000, 1 \leqslant p \leqslant n, 1 \leqslant q \leqslant m$。

输出：一个整数，表示从 $m*n$ 的矩阵左上角出发移动到位置 (p,q) 需要的步数。

输入样例	4 5 2 3	输出样例	16

题 4-15　递归函数：Ackermann 函数

阿克曼（Ackermann）函数的定义如下，请编程求阿克曼函数值：

$$A(m,n) = \begin{cases} n+1 & m=0 \\ A(m-1,1) & m>0 \land n=0 \\ A(m-1, A(m,n-1)) & m>0 \land n>0 \end{cases}$$

输入：一行两个数，m 和 n。其中 $0 \leqslant m \leqslant 3, 0 \leqslant n \leqslant 10$。

输出：一行一个数，计算 Ackermann 函数 $A(m,n)$ 的值。

输入样例	2 2	输出样例	7

题 4-16　递归函数：送快递

现在有 n 个不同的包裹，需要寄给 n 个不同的地址，请编程求出每个包裹都送错地址的情况共有多少种。

输入：多组数据，每组数据一行，每行一个数 n 表示包裹数和地址数，$1 \leqslant n \leqslant 21$。

输出：对于每行数据，输出一行，表示全部送错的情况数。

输入样例	1 3	输出样例	0 2
样例说明	对于第 1 行输入，将 1 个包裹寄到 1 个地址，不会出现送错地址的情况，因而输出 0；对于第 2 行输入，将 3 个包裹（1，2，3）寄到 3 个不同地址（A，B，C），每个包裹都送错的情况共有 2 种（1→B，2→C，3→A）或（1→C，2→A，3→B），因而输出 2。		

题 4-17　递归函数：二分法解方程

已知方程 $\dfrac{\sin(\sqrt{x}) + e^{-(x^{\frac{1}{3}})}}{\ln(\pi x)} = y$ 在区间 $[0.33,10]$ 有且仅有一个根，请编程在以上区间内求解该方程。

输入：一个小数 y（$0.05 \leqslant y \leqslant 2.5$）

输出：小数 x，精确到小数点后 5 位，表示方程的解。保证 $x \in [0.33,10]$

输入样例	1	输出样例	1.07845

4.3　题集解析及参考程序

题 4-1 解析　定义与调用函数：三角形的判断

问题分析：本题首先判断所输入的三个正整数是否相等，从而判断是否能构成等边三角形；否则判断是否存在两个数相等，并且满足构成三角形的条件，从而构成等腰三角形；如果以上两个条件都不满足，则判断是否满足构成三角形的条件，用一个整数来记录满足的条件，根据返回的整数输出是否能构成三角形以及什么类型的三角形的提示。

实现要点：以上判断过程可通过定义函数 is_triangle() 来实现（见代码第 21～30 行），函数参数为三个整数，代表输入的三个整数，函数返回整数 n，取值 0，1，2，3 分别代表普通三角形、等边三角形、等腰三角形和非三角形。最终利用 switch/case 语句根据 n 的取值将结果进行输出。参考代码片段如下：

```
1    int is_triangle(int,int,int);
2    int main(){
3        int n,a,b,c;
4        scanf("%d%d%d",&a,&b,&c);
5        n = is_triangle(a,b,c);
6        switch(n){
7            case 0:
8                printf("regular triangle!");
9                break;
10           case 1:
11               printf("equilateral triangle!");
12               break;
13           case 2:
14               printf("isosceles triangle!");
15               break;
16           case 3:
17               printf("not a triangle!");
18               break;
19       }
20   }
21   int is_triangle(int a,int b,int c){
22       int tag = 0;
23       if(a == b && b == c)
24           tag = 1;
25       else if((a == b || b == c || a == c) && a + b>c && a + c>b && b + c>a)
26           tag = 2;
27       else if(a + b <= c || a + c <= b || b + c <= a)
28           tag = 3;
29       return tag;
30   }
```

题 4-2 解析　定义与调用函数：猜素数

问题分析：由素数的定义可知,在大于 1 的自然数中,除了 1 和它本身外,素数不再有其他因子。由于本题中的输入变量 n 为 int 型,因而解题可以先判断 n 的范围,如果是 0,1 或者是负数直接判定为不是素数;否则采用枚举法,依次枚举小于等于 n 范围内的每个整数,判断其是否能整除 n。

实现要点：枚举算法的实现可以通过定义函数 judgePrime() 进行(见代码第 10~21 行)。为了缩小枚举的范围,注意到 n 可能的因数除了 $\sqrt{n}$,其他都是成对存在的,且必定一个大于 $\sqrt{n}$,另一个小于 $\sqrt{n}$,根据这个特点,可以缩小枚举的范围(即可只枚举 2 到 $\sqrt{n}$),提高解题效率。因而,对于本题枚举的上界只须设置到 $\sqrt{n}+1$,如果存在枚举的数整除 n,直接返回。参考代码片段如下:

```
1    int judgePrime(int);
2    int main()
3    {
4        int n;
5        while(scanf(" % d",&n) ! = EOF) {//多组数据输入的基本框架
6            printf(judgePrime(n) ? "yes\n" : "no\n");//用条件表达式使表述更为精炼
7        }
8        return 0;
9    }

10   int judgePrime(int n) { //函数判断一个数是否为素数
11       int i;
12       if(n == 2)
13           return 1;
14       if(n<2 || n % 2 == 0)
15           return 0;
16       for(i = 3; i * i <= n; ++ i) { //2已经判断过了,枚举的范围为[3,√n],
17           if(n % i == 0)
18               return 0;
19       }
20       return 1;
21   }
```

题 4 - 3 解析 　定义与调用函数：$\cos(x)$级数展开式

问题分析：本题是一个多项式相加的问题,首先需要找到通项。根据提供的公式,该级数展开式的通项可表述为$(-1)^i\dfrac{x^{2i}}{(2i)!}$,然后根据通项和项数循环进行累加即可。

实现要点：可以把阶乘的计算过程定义为函数 factorial(),该函数以 $2*i$ 作为参数(见代码第16～24行)。可通过循环(见代码第7～12行)求前 m 项累加的值。pow()函数和 fabs()函数定义在头文件 math.h 中,pow(a,b)返回 a 的 b 次方,fabs(m)返回浮点数 m 的绝对值,当满足题目中精度要求时(即前后两项的结果差小于精度)即可输出,注意当 $2*i$ 过大时其阶乘会超过 long long 型的范围。

```
1    long long factorial(int);
2    int main(){
3        int i;
4        int m;
5        double pi = 0,pi0 = 0,x,eps = 1e - 8;
6        scanf(" % lf % d",&x,&m);
7        for(i = 0; i<m; i ++){
8            pi0 = pi;
9            pi = pi + pow( - 1,i) * pow(x,2 * i) / factorial(2 * i);
10           if(fabs(pi0 - pi) <= eps)
11               break;
```

```
12          }
13          printf("%.8f",pi);
14          return 0;
15    }
16    long long factorial(int n){
17          int i;
18          long long ans = 1;
19          for(i = 1; i <= n; i ++ )
20          {
21                ans = ans * i;
22          }
23          return ans;
24    }
```

题 4 - 4 解析　定义与调用函数：分数相加与化简

问题分析：数学上将两个分式相加与化简，有以下步骤：① 进行两个分数的分子分母通分并相加；② 找到相加后的分子分母的最大公约数；③ 分子分母分别除以最大公约数得到最简分式。因而本题的解法首先需要求出最大公约数。两个正整数的最大公约数可采用辗转相除法进行求解。

实现要点：辗转相除法的代码可封装在函数 gcd() 中（见代码第 17~24 行），函数以两个整型 a, b 为参数，返回 a, b 的最大公约数，可使得代码简洁、可读性强。参考代码片段如下：

```
1     int gcd(int,int);
2     int main() {
3          int T;
4          int a,b,c,d,e,f,g;
5          scanf("%d",&T);
6          while(T --) {
7                scanf("%d%d%d%d",&a,&b,&c,&d);
8                e = a * d + c * b; //分子分母进行通分
9                f = b * d;
10               g = gcd(e,f);
11               e /= g;
12               f /= g;
13               printf("%d %d\n",e,f);
14          }
15          return 0;
16    }

17    int gcd(int a,int b) {
18          int r;
19          for(r = a % b; r != 0; r = a % b){//迭代,直到余数 r 为 0
20                a = b; //数据移动
21                b = r;
```

```
22          }
23          return b<0 ? -b: b;
24  }
```

题 4-5 解析　定义与调用函数：星期几

问题分析：给定一个日期，查询该天是星期几可使用 Zeller(蔡勒)公式：

$$h = \left(q + \left[\frac{13(m+1)}{5}\right] + K + \left[\frac{K}{4}\right] + \left[\frac{J}{4}\right] - 2J\right) \bmod 7$$

其中，h 表示星期(0 代表星期日)；q 表示该天在当月是第几天减一；m 表示月份(m 的取值范围为 3 至 14，即在蔡勒公式中，某年的 1、2 月要看作上一年的 13、14 月来计算，比如 2003 年 1 月 1 日要看作 2002 年的 13 月 1 日)；K 表示年(年份的后两位数)；J 代表世纪数减一(即年份的前两位数)；[ ]称作高斯记号，代表取整，即保留整数部分；mod 为同余，这里代表括号里的答案除以 7 后的余数。

实现要点：首先需要把输入的日期格式进行处理，提取出日、月、年、世纪，输入格式为 day 的话，日数＝day％100，月数＝(day％10 000)/100，四位数年份＝day/10 000，年＝四位数年份％100，世纪＝四位数年份/100。将结果作为 Zeller 公式的输入，运用 Zeller 公式计算出星期几，注意当月份是 1 或者 2 的时候，需要更改年份和月份；对于计算结果需要依次序对应到英文单词的缩写表示。为了使代码的层次更加清晰、可读性增强，可以将以上两个功能分别用函数实现。其中，getWeek()计算出当日是星期几。参考代码片段如下：

```
1   int getWeek(int day)
2   {
3       int c,y,m,d,w; //c：century-1,y: year,m:month,w:week,d:day
4       y = day / 10000;
5       m = (day % 10000) / 100;
6        d = day % 100; //这里提取出的是日数,代入 zeller 公式中的应该是 d-1
7       if(m<3)
8       {
9           y = y - 1;
10          m = m + 12;
11      }
12      c = y / 100;
13      y = y % 100;
14      w = (y + y / 4 + c / 4 - 2 * c + (13 * (m+1)) / 5 + d - 1) % 7; //Zeller 公式
15      if(w<0)
16          w + = 7;
17      return w;
18  }
```

星期几的输出则由函数 printWeek()完成，根据前面章节所学，直接使用 switch/case 语句可完成星期几的对应输出，参考代码片段如下：

```
1   void printWeek(int w)
2   {
```

```
3          switch(w)
4          {
5          case 0:
6              printf("Sun\n");
7              break;
8          case 1:
9              printf("Mon\n");
10             break;
11         case 2:
12             printf("Tue\n");
13             break;
14         case 3:
15             printf("Wed\n");
16             break;
17         case 4:
18             printf("Thu\n");
19             break;
20         case 5:
21             printf("Fri\n");
22             break;
23         case 6:
24             printf("Sat\n");
25             break;
26         }
27     }
```

题 4-6 解析　定义与调用函数：求未遮挡面积

问题分析：首先要判断 B,C 两个矩形和 A 是否有交集,然后在 A 的总面积上减去 A 和 B 重合以及 C 和 A 重合的面积,可以计算得出未遮挡面积 S。但是,注意还有一种情形要考虑,即 B,C 两个矩形之间可能存在平行遮挡(有公共部分),则前面的计算过程中存在重复扣除的面积,因而需要在计算出未遮挡面积 S 的基础上将重复计算的部分(即 B 与 C 重合的部分和 A 重合的面积)加上。

实现要点：在计算矩形之间的遮挡面积时,存在大量的坐标值大小比较的需求,将这部分代码定义为函数,将使得程序大大简化,易于理解。因而将两变量值大小比较的代码块定义为函数 min() 和 max(),函数接受两个 int 型的参数,分别返回两个参数的最小值、最大值。使用三目运算符可以使大小比较的代码更加简洁,如：

```
1    int min(int a, int b)
2    {
3        return a>b ? b : a;
4    }
5    int max(int a, int b)
6    {
```

```
7        return a>b ? a : b;
8    }
```

在多组数据输入框架下,仔细阅读题面描述和给出的样例,对于这三个矩形并没有规定输入样例给出为左下右上对角线的坐标,因而首先需要对输入样例的坐标进行标准化处理,通过调用 min() 和 max() 函数比较坐标值的大小,把矩形的表示方式整理为左下右上对角线坐标的形式(见代码第 12~17 行)。之后使用条件语句判断两个矩形是否重合,如果重合根据坐标得到面积,将问题分析部分列举的情况进行一一计算。分别计算出 A 的面积、B 遮挡 A 的面积以及 C 遮挡 A 的面积(见代码第 18~22 行)。另需要加上若 B,C 互相遮挡重复扣除的面积(即 B,C 重合部分与 A 重合的部分的面积)(见代码第 23~32 行)。最终将计算后的面积 S 输出。在实现过程中还需要注意数据范围,由于面积计算过程中可能出现结果超出 int 范围,所以需要使用 long long 类型存储面积计算结果,参考代码片段如下:

```
1    int main()
2    {
3        int n,x1,x2,x3,x4,x5,x6,y1,y2,y3,y4,y5,y6;
4        int a1,a2,a3,a4,a5,a6,b1,b2,b3,b4,b5,b6;
5        int s1,s2,t1,t2;
6        long long S;
7        scanf("%d",&n);
8        while(n--)
9        {
10            scanf("%d%d%d%d%d%d%d%d%d%d%d%d",
11                &a1,&b1,&a2,&b2,&a3,&b3,&a4,&b4,&a5,&b5,&a6,&b6);
12            x1=min(a1,a2);   x2=max(a1,a2);
13            y1=min(b1,b2);   y2=max(b1,b2);
14            x3=min(a3,a4);   x4=max(a3,a4);
15            y3=min(b3,b4);   y4=max(b3,b4);
16            x5=min(a5,a6);   x6=max(a5,a6);
17            y5=min(b5,b6);   y6=max(b5,b6);
18            S=1LL*(x2-x1)*(y2-y1);
19            if(min(x2,x4)>max(x1,x3) && min(y2,y4)>max(y1,y3))//判断A与B是否重合
20                S-=1LL*(min(x2,x4)-max(x1,x3))*(min(y2,y4)-max(y1,y3));
21            if(min(x2,x6)>max(x1,x5) && min(y2,y6)>max(y1,y5))//判断A和C是否重合
22                S-=1LL*(min(x2,x6)-max(x1,x5))*(min(y2,y6)-max(y1,y5));
23            if(min(x4,x6)>max(x3,x5) && min(y4,y6)>max(y3,y5))//判断B和C是否重合
24            {
25                s2=min(x4,x6);
26                s1=max(x3,x5);
27                t2=min(y4,y6);
28                t1=max(y3,y5);
29                //判断B,C重合部分是否和A重合
30                if(min(x2,s2)>max(x1,s1) && min(y2,t2)>max(y1,t1))
31                    S+=1LL*(min(x2,s2)-max(x1,s1))*(min(y2,t2)-max(y1,t1));
32            }
```

```
33          printf("% lld\n",S);
34      }
35      return 0;
36  }
```

题 4-7 解析 全局变量的使用：熊猫序列

问题分析：本题的求解可以参考斐波那契数列。根据题意，每对熊猫第 5 年才能繁殖一对小熊猫，因而，熊猫序列呈现出 1,1,1,1,2,3,4,5,7,10,14… 的规律。归纳该序列的规律，不难倒推得出第 5 年及之后序列中的每个数，它的值等于它的前面第 1 个数与第 4 个数之和，可以解释为当年的熊猫数等于去年的熊猫数加上 4 年前的熊猫数（4 年前的熊猫正好在当年第一次繁殖）。设 $f(n)$ 为第 n 年的熊猫的对数，则当 $n \geqslant 5$ 时有递推关系 $f(n) = f(n-4) + f(n-1)$。

实现要点：该题与斐波那契数列递归求解思路类似，但是，请注意 n 的取值范围是 [1, 100]，随着 n 的增加，递归函数在效率方面的不足会逐渐突显。因此，该题可以采用迭代的方法进行求解。下面的参考代码片段中，巧妙地对一组全局变量 a,b,c,d,e 分别赋初值 0,0,0,0,1（见代码第 2 行），然后在循环中对这组变量迭代地赋值，从而产生熊猫序列（见代码第 7～13 行）。也可以利用递推关系结合数组使用另一种递推法（见代码第 17～24 行）来求解。参考代码片段如下：

```
1   //迭代求解
2   long long a = 0,b = 0,c = 0,d = 0,e = 1;
3   int main() {
4       int n;
5       int mod = e7 + 7;
6       scanf("% d",&n);
7       for(int i = 0; i<n-1; i++) {//利用递推关系,迭代赋值
8           a = b % mod;//模运算具有传递性,赋值时直接用模运算的结果
9           b = c % mod;
10          c = d % mod;
11          d = e % mod;
12          e = (a + d) % mod;
13      }
14      printf("% lld\n",e);
15      return 0;
16  }

    //另一种递推求解法
17  int panda[101] = {1,1,1,1,2};
18  int main()
19  {
20      int i,n;
21      for(i = 5; i <= 100; i++)
22          a[i] = (a[i-1] + a[i-4]) % 10000007;
```

```
23      scanf("% d",&n);
24      printf("% d",a[n-1]);
25      return 0;
26  }
```

注意：但是当问题规模增大时,递归函数在效率方面存在不足。使用递归虽然可以简化思维过程,但效率上并不合算。效率低和开销大是递归最大的缺点。

题 4-8 解析　标准库函数的应用：模拟投骰子

问题分析：实际生活中有许多随机事件,如扔硬币、投骰子。随机函数 rand() 常用来模拟现实生活中的随机事件。rand() 函数产生 0 到 RAND_MAX 之间的整数,这里的 RAND_MAX 是头文件 <stdlib.h> 中定义的常量,至少为 32 767,即 16 位所能表示的最大整数值。调用 rand() 函数时,返回的值是 0 到 RAND_MAX 之间的整数,且该范围内的每个整数出现的机会是相等的。rand() 函数产生的并不是真正的随机数,而是伪随机数,它是按一定规则(算法)产生一系列看似随机的数,这种过程是可以重复的。为了在每次重新执行程序时 rand() 产生不同的随机序列,就需要为随机数产生器(算法)赋予不同的初始状态,使用函数 srand() 能设定随机函数 rand() 的初始状态,该初始状态的具体值由 srand() 函数的参数决定。调用 srand() 函数又称为设置随机函数的种子。srand() 函数的参数通常设置为系统时钟。

实现要点：因骰子的点数为 1～6,而 rand() 函数返回一个从 0 到 RAND_MAX 的任意整数,最大值的大小通常是固定的一个大整数。如果想得到某个区间范围内的随机整数,则可以采取"模除+加法"的方法将区间[0,RAND_MAX]进行比例缩放到目标区间。如该题中生成 [1,6] 之间的随机整数可以通过运算 $0 \leqslant \text{rand}() \% 6 \leqslant 5 => 1 \leqslant 1 + \text{rand}() \% 6 \leqslant 6$ 得到。参考代码片段如下：

```
1      int point;
2      srand(time(0)); //设置随机函数的种子
3      point = 1 + rand() % 6;
4      printf("Dice is: % d\n",point);
5      printf((point % 2) ? "lose\n" : "win\n");
```

注意：时间函数 time(0) 返回当前时钟日历时间的秒数(从格林尼治标准时间 1970 年 1 月 1 日 0 时起到现在的秒数)。% 常用于比例缩放(scaling),本题解第 3 行中 6 称为比例因子(scaling factor),1 称为平移因子(moving factor)。

题 4-9 解析　标准库函数的应用：求极坐标

问题分析：本题是一道基础几何题,解答本题需要利用直角坐标与极坐标的转换公式。已知一个点的直角坐标为 (x,y),可知极坐标 (ρ,θ) 的计算公式如下

$$\begin{cases} \rho^2 = x^2 + y^2 \\ \tan\theta = \dfrac{y}{x} \end{cases}$$

实现要点：依据该公式,ρ 的计算可以调用标准库函数 math.h 中的 double sqrt(double a) 函

数进行,函数返回 a 的算术平方根;角度的计算可调用标准库函数 math. h 中的反正切函数 atan2(double b,double a)进行,其中 b,a 分别代表已知点在直角坐系的 y 坐标和 x 坐标,返回值是该点同原点连线与 x 轴正方向的夹角。参考代码片段如下:

```
1    double a,b,d,s;
2    int n;
3    scanf("%d",&n);
4    while(n--) {
5        scanf("%lf%lf",&a,&b);
6        d = sqrt(a * a + b * b);
7        if(a == 0 && b == 0)
8            s = 0;
9        else
10            s = atan2(b,a);
11        printf("%.7f %.7f\n",d,s);
12    }
```

注意:在 C 语言的 math. h 中有两个求反正切的函数 atan(double x)与 atan2(double y, double x),其返回的值都是弧度,atan(double x)接收到的是一个由正切值(直线的斜率)得到的夹角,但是根据正切的规律,atan 的值域是 $-90\sim90$,即它只处理坐标系中的一、四象限的情况,所以一般不首选。atan2(double y,double x) 的值域则是 $-180\sim180$,可以处理四个象限的任意情况。

题 4-10 解析　标准库函数的应用:求面积

问题分析:本题是一个典型的以概率统计理论为指导的数值计算方法的实例,在类似的场景中,使用随机数(或更常见的伪随机数)能够解决很多计算问题。18 世纪,法国数学家 Comte de Buffon 利用投针实验估计 π 的值,即题面所说的投针法。投针实验使用随机实验处理确定性数学问题,也是 Monte Carlo 方法的雏形。

考虑题目所求的函数与 x 轴围成的图像,实际上是给出的一个确定边界的长方形及其内部的一个形状不规则的图形,要求出这个不规则图形的面积。Monte Carlo 方法提供了这样一种解决问题的思路,即向该长方形区域"随机地"投掷 N 个点,若有 M 个点落于不规则图形内,则 M/N 为随机点落在不规则图形内的概率,该值等于不规则图形的面积与确定边界长方形面积的比值。

实现要点:根据以上解题思路,首先模拟生成坐标系指定范围内的大量随机点,使满足 x,y 坐标的取值范围分别为$[0,n]$和$[-1,1]$(见代码第 5~6 行);然后判断该点是否落在目标区域内(即函数与 x 轴围成的区域),具体方法为:对于生成的随机点(x,y),判断 y 是否满足与 $\sin(x^2)$ 符号相同且绝对值更小,若满足则说明该点落在目标区域内,从而将随机点落在目标区域内的次数 ans 加 1(见代码第 8~9 行);记所求的面积为 s,经过 30 000 000 次随机实验,则存在以下关系:$s/1.0 * n * 2.0 =$ ans$/30\ 000\ 000$,计算 s 并按照指定格式输出。参考代码片段如下:

```
1    int n,i,ans = 0;
```

```
2       scanf("% d",&n);
3       for(i = 1; i < = 30000000; i + + ) //模拟次数为30000000
4       {
5           double x = 1. * rand() / RAND_MAX * n; //定义生成的随机点的 x 坐标范围[0,n]
6           double y = 1. * rand() / RAND_MAX * 2 - 1; //定义生成的随机点的 y 坐标范围[ - 1,1]
7           double temp = sin(x * x); //目标函数
8           if(((temp> = 0) ^(y> = 0)) == 0 && fabs(y) < = fabs(temp)) //判断是否落在目标区域内
9               ans + + ;
10      }
11      printf("% .2f",1. * ans / 30000000 * n * 2); //完成概率的计算并输出
```

Monte Carlo 方法可以在随机采样上计算得到近似结果,随着采样的增多,得到的结果是正确结果的概率逐渐加大。考虑到题目对精度的要求不高(精确到 0.01),数据规模不大,本题也可以考虑用积分的方法。自适应辛普森(Simpson)积分可以求平面几何图形的面积,即把待求积分区间拆成多个小区间后求和。"自适应"指求积分时能够自动控制切割的区间大小和长度,从而使精度能满足要求。具体方法为对于任意一个计算区域,首先要判断在当前的区间下能不能达到指定的精度。如果已经达到指定的精度,那么该区域的积分就利用相应的公式(Simpon 公式)计算出来;如果达不到,则将区间减半,即二分原来的区间,继续判断在新区间下是否达到精度要求。如果达不到,区间继续减半;如果达到要求,则计算该区域积分后输出。对于函数 $f(x)$,在区间 $[a,b]$ 的 Simpon 公式表述为

$$\int_a^b f(x)\mathrm{d}x \approx \frac{b-a}{6}\left[f(a) + 4f\left(\frac{a+b}{2}\right) + f(b)\right]$$

记函数 solve(l,r,f)表示求解 $\int_l^r f(x)\mathrm{d}x$。则本题可以用以下的算法进行求解。

① 用 Simpson 公式近似计算 $f(x)$ 在区间 $[l,r]$ 内的积分,记为 ans;

② 取 mid=l+r/2;

③ 用 Simpson 公式近似计算 $f(x)$ 在区间 $[l,mid]$ 和区间 $[mid,r]$ 内的积分,分别记为 a,b;

④ 根据误差判断是否需要细分区间,具体做法为:如果 $a+b$ 与 ans 的误差满足精度要求,则返回 ans;否则递归 solve(l,mid)和 solve(mid,r),返回这两个递归计算结果的和。参考代码片段如下:

```
1       double eps = 1e - 5; //误差精度要求
2       double f(double x) //目标函数
3       {
4           return fabs(sin(x * x));
5       }
6       double simpson(double l,double r)   //Simpon 公式
7       {
8           return(r - l) * (f(l) + f(r) + f((l + r) / 2) * 4) / 6;
9       }
10      double solve(double l,double r,double ans)
11      {
12          double mid = (l + r) / 2;
```

```
13        double a = simpson(l,mid),b = simpson(mid,r);
14        if(fabs(a + b − ans)<eps) //若已满足精度要求,直接输出当前结果
15            return ans;
16        return solve(l,mid,a) + solve(mid,r,b); //若不能满足精度要求,递归求解
17    }
18    int main()
19    {
20        double n;
21        scanf("%lf",&n);
22        printf("%.2f",solve(0,n,simpson(0,n)));
23        return 0;
24    }
```

题 4 - 11 解析　递归函数:倒序输出

问题分析:本题要求输入和输出顺序正好相反,根据递归函数调用自身的特点,可以巧妙地设计一个递归函数,递归的步骤如下:

① 尝试读取一个数字,若读取失败直接返回;

② 如果读取成功,那么调用自身;

③ 调用自身结束之后,输出读取到的数字。

实现要点:递归函数的具体写法为:每一层调用函数,函数读取一个值,记录下来,然后再调用下一层函数。最后一层函数读入失败之后,开始返回。各层函数与调用顺序相反地返回,每层函数返回的时候都把自己读到的当前值在递归结束之后输出(见代码第 10 行)。这样最终实现了输出顺序与读入顺序相反。可以利用简单的例子,比如两个或者三个整数来帮助理解递归中不同的层数。参考代码片段如下:

```
1    void Rua();
2    int main() {
3        Rua();//调用递归函数
4        return 0;
5    }

6    void Rua() {
7        int x;
8        if(~scanf("%d",&x)) { //和多组数据读入类似,尝试读入一个数据
9            Rua(); //调用自身
10           printf("%d\n",x);//调用结束之后对调用结果进行处理,即输出当前的读入
11       }
12       return 0;
13   }
```

题 4 - 12 解析　递归函数:整数划分

问题分析:整数划分是一个典型的可以使用递归算法进行求解的问题。本题的要点在于

通过寻找递归表达式来求解。令 $f(n,m)$ 为对整数 n 进行划分,且划分中所有项都不大于 m 的方案数。对于 m,n 的不同大小关系则存在以下几种情形:

① 首先考虑边界条件,当 $n=1$ 或 $m=1$ 时,不难发现 $f(n,m)=1$,即 $f(1,1)$ 表示对 1 进行划分,且划分方案中所有项都不大于 1 的方案数共有 1 种,为 1={1}。所以,由于 m 是对划分的一个上限限制,它与 n 的关系大小显然会影响最终的划分结果。

② 当 $n<m$ 时,显然划分方案的任何一项都不会超过 n,所以 $f(n,m)=f(n,n)$。

③ 当 $n==m$ 时,一种是 $n=\{n\}$ 这个划分方案,其他的方案就等价于 $f(n,m-1)$ 了,因此除了这种方案其他方案的各项最大都达不到 n(也就是 m),所以此时 $f(n,m)=f(n,m-1)+1$。

④ 当 $n>m$ 时,考虑两类划分,一类含有 m,一类不含 m。第一类的数量为 $f(n-m,m)$,即首先将 m 包含在该划分方案中,余下的对于值为 $n-m$ 的整数进行划分,方案中所有项不可能大于 m,表述为 $f(n-m,m)$;第二类的数量为 $f(n,m-1)$,即将 m 排除在方案之外,相当于所求的方案数等价于对 n 进行划分,且最大项不超过 $m-1$ 的方案数 $f(n,m-1)$。以上两种情况之和表述为 $f(n,m)=f(n,m-1)+f(n-m,m)$。

实现要点:根据以上 $f(n,m)$ 在①~④类情况下的递归表达式,可以编写出递归函数 $f(n,m)$(见代码第 11~17 行)进行求解。参考代码片段如下:

```
1    int f(int,int);
2    int main() {
3        int n,T;
4        scanf("%d",&T);
5        while(T--) {
6            scanf("%d",&n);
7            printf("%d\n",f(n,n));
8        }
9        return 0;
10   }

11   int f(int n,int m) {
12       if(n==1)  return 1;
13       else if(m==1)  return 1;
14       else if(n<m)    return f(n,n);
15       else if(n==m)  return 1+f(n,m-1);
16       else  return f(n,m-1)+f(n-m,m);
17   }
```

需要注意的是,这样的递归程序在 $n=100$ 的规模下运行速度就不理想了,原因是用递归的解法会存在大量的重复调用。若想获得更高的求解效率,可将本题问题分析中归纳出的递推关系转化为非递归来实现,实现的过程则需要借用数组模拟。根据已经得出的递归表达式,设置二维数组 $s[][]$ 来存储递推过程的数据,$s[n][m]$ 表示的意思与递归函数的 $f(n,m)$ 意思相同,即对整数 n 进行划分,且划分中所有项都不大于 m 的方案数。参考代码片段如下:

```
1    #define MAXN 105    //宏定义,根据题面指定数据范围设定二维数组的大小
2    int s[MAXN][MAXN];//定义全局二维数组
3    int f(int n,int m)//对正整数 n 进行划分,所有项不大于 m 的划分方案数
4    {
5        int i,j;
6        for(i=1; i<=n; i++)//初始化,默认存储值为题解分析中的情况(1)
7        {
8            s[i][1]=1;
9            s[1][i]=1;
10       }
11       for(i=2; i<=n; i++)
12       {
13           for(j=2; j<=m; j++)
14           {
15               if(i==j) //题解分析中的递推关系(3)
16                   s[i][j]=1+s[i][i-1];
17               else if(i<j)//题解分析中的递推关系(2)
18                   s[i][j]=s[i][i];
19               else//题解分析中的递推关系(4)
20                   s[i][j]=s[i-j][j]+s[i][j-1];
21           }
22       }
23       return s[m][n];
24   }
```

注意：非递归方法求解时使用二维数组超出了本章对应的理论知识点的范围,读者只需要依据注释理解此处二维数组所起到的存储递推中间结果的作用即可,关于数组更进一步的内容,会在后面的章节继续练习。本题解提供了一种当由于问题规模较大,递归解法效率不理想时,将递归解法中的递推关系改为非递归的思路。一般来说,可用数组模拟来实现递归,根据已经得出的递推关系,设置数组来存储递推的中间结果,从而优化求解效率。

题 4－13 解析　递归函数：递归汉诺塔

问题分析：与原始的汉诺塔问题不同,这里对圆盘的移动做了更多的限制,即每次只允许将圆盘移动到中间柱子上或者从中间柱子上移出,而不允许由第一根柱子直接移动圆盘到第三根柱子。在这种情况下,考虑 K 个圆盘的移动情况。将移动过程按步骤进行分解可得到如下的过程：

① 为了首先将初始时最底下、最大的圆盘移动到第三根柱子上,需要将其上的 $K-1$ 个圆盘移动到第三根柱子上(注意这里同样是使用新规则进行移动的),而这恰好等价于将 $K-1$ 个圆盘从第一根柱子移动到第三根柱子。

② 当这一移动完成以后,第一根柱子仅剩余最大的圆盘,第二根柱子为空,第三根柱子按顺序摆放着 $K-1$ 个圆盘。将最大的圆盘移动到此时没有任何圆盘的第二根柱子上,并再次将 $K-1$ 个圆盘从第三根柱子移动到第一根柱子,此时计算结果仍然需要使用将 $K-1$ 个圆盘从第一根柱子到第三根柱子所需的移动次数(第一根柱子和第三根柱子等价)。

③ 当这一移动完成以后将最大的圆盘从第二根柱子移动到第三根柱子上,最后将 $K-1$ 个圆盘从第一根柱子移动到第三根柱子上。

实现要点:本题的实现要点在于找到递归表达式。若移动 K 个圆盘从第一根柱子到第三根柱子需要 $F(K)$ 次,那么综上所述 $F(K)$ 的组成方式为:先移动 $K-1$ 个圆盘到第三根柱子需要 $F(K-1)$ 次移动;再将最大的圆盘移动到中间柱子需要 1 次移动;然后将 $K-1$ 个圆盘移动回第一根柱子同样需要 $F(K-1)$ 次移动,移动最大的盘子到第三根柱子需要 1 次移动;最后将 $K-1$ 个圆盘也移动到第三根圆盘需要 $F(K-1)$ 次移动,这样 $F(K)=3*F(K-1)+2$。即从第一根柱子移动 K 个圆盘到第三根柱子,需要三次从第一根柱子移动 $K-1$ 个圆盘到第三根柱子,外加三次对最大圆盘的移动。若函数 $F(x)$ 返回移动 x 根柱子所需要的移动次数,那么其递归方式为 $3*F(x-1)+2$。

同时,要确定递归的出口。当 x 为 1 时,即从第一根柱子移动一个盘子到第三根柱子,满足条件的移动次数为 2。综上,该问题的递归表达式为

$$F(x)=\begin{cases} 2 & x=1 \\ 3*F(x-1)+2 & x>1 \end{cases}$$

有了该递归表达式,很容易写出程序,参考代码片段如下:

```
1    long long hanoi(int num){
2        if(num == 1)
3            return 2;
4        else{
5            return 3 * hanoi(num - 1) + 2;
6        }
7    }
8    int main(){
9        int n;
10       while(scanf("%d",&n) ! - EOF){
11           printf("%lld\n",hanoi(n));
12       }
13       return 0;
14   }
```

题 4-14 解析 递归函数:走迷宫

问题分析:本题实质是求一个螺旋矩阵,采用递归的方法求解代码非常简洁。根据题目示例的螺旋矩阵的特点,寻找横纵坐标的规律,考虑以下几种情况:

① 对于第 1 行上的所有位置(即 $x=1$),该位置上的数为纵坐标的值 y;

② 对于最后 1 行上的所有位置(即 $x=m$),该位置上的数为 $n+(m-2)+(n-y+1)$;

③ 对于第 1 列上的所有位置(即 $y=1$),该位置上的数为 $2*m+n-2+(n-x)$;

④ 对于最后一列上的所有位置(即 $y=n$),该位置上的数 $n+(x-1)$;

⑤ 对于其他所有位置,则寻找原矩阵与去掉上下各一行、左右各一列后得到的大小为 $(m-2,n-2)$ 的矩阵位置之间的递推关系,归纳数字规律可得出 $f(m,n,x,y)=f(m-2,n-2,x-1,y-1)+(n+m)*2-4$。

实现要点：根据以上①~⑤种情况归纳出的递推关系，定义函数 int f(int m, int n, int x, int y)，参数含义同题目描述，函数首先判断是否满足情况(5)，如果满足则再次递归调用函数返回，否则依次判断情况①、②、③、④并返回相应的值。参考代码片段如下：

```
1   int main() {
2       int m,n,x,y;
3       scanf("%d %d %d %d",&m,&n,&x,&y);
4       int ans = f(m,n,x,y);
5       printf("%d\n",ans);
6       return 0;
7   }
8   int f(int m,int n,int x,int y) {
9       if(x != 1 && y != 1 && x != m && y != n) {
10          return f(m-2,n-2,x-1,y-1) + (n+m) * 2 - 4;
11      }
12      else{
13          if(x == 1) return y;
14          if(y == n) return n + (x-1);
15          if(x == m) return n + (m-2) + (n-y+1);
16          if(y == 1) return 2 * m + n - 2 + (n-x);
17      }
18  }
```

题 4-15 解析　递归函数：Ackermann 函数

问题分析：阿克曼函数(Ackermann)是一种非原始递归函数，即用两个自然数作为输入值，输出一个自然数。它的输出值增长速度非常快，仅是对于$(4,3)$的输出已大得不能准确计算。注意到本题对于数据范围的限制($0 \leqslant m \leqslant 3, 0 \leqslant n \leqslant 10$)，仍可以考虑用递归函数进行求解。

实现要点：已知函数本身是递归定义的，所以可直接根据提示的 Ackermann 函数表达式得到递归表达式，写出递归函数的代码，函数会根据不同的条件完成递归调用的返回。参考代码片段如下：

```
1   int ack(int,int);
2   int main() {
3       int m,n;
4       scanf("%d %d",&m,&n);
5       printf("%d",ack(m,n));
6       return 0;
7   }

8   int ack(int m,int n) {
9       if(m == 0)
10          return n + 1;
11      else if(n == 0)
```

```
12          return ack(m-1,1);
13      else
14          return ack(m-1,ack(m,n-1));
15  }
```

题 4-16 解析 递归函数：送快递

问题分析：这道题目是典型的错排问题。错排问题是组合数学中的问题之一。考虑一个有 n 个元素的排列，若一个排列中所有的元素都不在自己原来的位置上，那么这样的排列就称为原排列的一个错排。如果 n 个编号元素放在 n 个位置，元素编号与位置编号各不相同的放置方法有 $D(n)$ 种，则 $n-1$ 个编号元素放在 $n-1$ 个编号位置，元素编号与位置编号各不相同的放置方法有 $D(n-1)$ 种。$D(n)$ 的具体计算方法为：

① 把第 n 个元素放在一个位置，比如位置 k，一共有 $n-1$ 种方法；

② 放编号为 $k(k<n)$ 的元素，这时有 2 种情况：

a. 把它放在位置 n 上，那么，对于剩下的 $n-1$ 的元素，由于第 k 个元素放在位置 n，剩下的 $n-2$ 个元素就有 $D(n-2)$ 种方法；

b. 不把第 k 个元素放在位置 n，这时，相当于 $n-1$ 个元素的错排，对于这 $n-1$ 个数就有 $D(n-1)$ 种方法。

综上，可得错排公式 $D(n)=(n-1)[D(n-2)+D(n-1)]$。

实现要点：上述公式正是这道题的递归表达式，而该递推关系的特殊情况是 $D(1)=0$，$D(2)=1$，即为递归函数的出口。根据以上思路，可写出递归函数的代码，参考代码片段如下：

```
1   long long D(int n) {
2       if(n==1)
3           return 0;
4       else if(n==2)
5           return 1;
6       else
7           return(n-1)*(D(n-2)+D(n-1));
8   }
9   int main() {
10      int n=0;
11      while(~scanf("%d",&n)) {
12          printf("%lld\n",D(n));
13      }
14  }
```

题 4-17 解析 递归函数：二分法解方程

问题分析：本题给出的函数为连续函数，且明确给出了 x,y 的取值范围，通过计算可得到 $f(0.33)-y>0$，$f(10)-y<0$，对于在区间 $[a,b]$ 上连续不断且 $f(a)*f(b)<0$ 的函数 $y=f(x)$，通过不断地把函数 $f(x)$ 的零点所在的区间一分为二，使区间的两个端点逐步逼近零点，可以得到零点的近似值。由函数的零点与相应方程根的关系，可以用二分法求本题中方

程的近似解。具体求解过程如下：

① 验证区间 $[x_1,x_2]$ 是否满足 $f(x_1)*f(x_2)<0$，若满足条件，则判断该区间内有且必有一个根，在该区间内用二分法查找这个根（缩小查找区间）；

② 在有且仅有一个根区间 $[x_1,x_2]$ 中查找根的二分法设计思想为：每次将区间缩小一半，并且使得每次缩小后的区间满足 $f(x_1)*f(x_2)<0$，直到找到近似解或者不能再二分为止。

实现要点：对于本题给出的方程，对于确定的有且只有一个根的区间 $[l,r]$，且给定精确度 $\varepsilon=1e-7$，求解过程如下：

① 求区间 (l,r) 的中点 mid；

② 计算 $f(\text{mid})$；

a. 若 $f(\text{mid})=y$，满足精度要求，则 $x_0=\text{mid}$ 就是方程的近似解；

b. 若 $f(\text{mid})<y$，则令 $r=\text{mid}$，即此时方程的解 $x_0\in(l,\text{mid})$；

c. 若 $f(\text{mid})>y$，则令 $l=\text{mid}$，即此时方程的解 $x_0\in(\text{mid},r)$。

③ 判断区间是否可以继续二分，若已不能再划分，则输出区间的中点 mid，否则重复①~②。

注意：由于浮点数运算的误差，当 $\text{fabs}(f(\text{mid})-y)<1e-7$ 时，即认为找到了方程的根。代码定义了函数 double f(double a) 来实现方程左边的求值，使代码更加规范简洁。下面是使用循环的参考代码：

```
1    #define PI acos(-1)
2    #define eps 1e-7
3    double f(double);
4    int main()
5    {
6        double y;
7        scanf("%lf",&y);
8        double l = 0.33, r = 10, mid;
9        while(l<r) //判断区间是否可以继续二分
10       {
11           mid = (l + r) / 2; //取区间的中点
12           if(fabs(f(mid) - y)<eps)//若已经满足精度要求,则 mid 即为方程的解
13               break;
14           if(f(mid)<y + eps)
15               r = mid;
16           else
17               l = mid;
18       }
19       printf("%.5f\n",mid);
20       return 0;
21   }
22   double f(double x)
23   {
24       return(sin(sqrt(x)) + exp(-pow(x,1.0 / 3))) / log(PI * x);
```

```
25    }
```

上述循环过程也可用递归函数 check() 来实现(见代码第 9～19 行),该递归函数的两个参数 l,r 表示解存在的区间左右端点。参考代码片段如下:

```
1    double y;
2    double check(double,double);
3    int main()
4    {
5        scanf("%lf",&y);
6        printf("%.5f",check(0.33,10));
7        return 0;
8    }

9    double check(double l,double r)
10   {
11       double mid = (l + r) / 2;
12       double f = (sin(sqrt(mid)) + exp( - pow(mid,1.0 / 3))) / log(PI * mid);

13       if(fabs(f - y)<eps) //若区间中点恰好为根,则返回该值
14           return mid;
15       else if(f>y + eps)   //根位于右半子区间,递归寻找
16           return check(mid,r);
17       else//根位于左半子区间,递归寻找
18           return check(l,mid);
19   }
```

4.4 本章小结

函数体现着"分而治之,各个击破"的计算思维,使得程序开发更容易管理。函数的使用可以提高软件的复用性。用程序设计语言提供的现有函数作为基本组件(完成特定任务的标准化函数)可以方便地生成新程序。为避免程序的重复性,可将程序中需要多次使用的代码段写成独立函数,供使用者在需要时调用。此外,函数定义中的所有变量都是局部变量,能很好地隐藏封装信息,提高程序的可靠性。需要注意的是函数的命名应能有效地表达任务。

通过学习本章,读者应牢固掌握模块化程序的结构,理解函数原型的定义及作用、函数调用的过程,熟练使用标准库函数,理解变量的存储类和作用域,能够利用函数构建更加"强大"的程序,完成较复杂问题的求解。

第 5 章　数组与字符串及应用

　　在程序设计中经常需要用计算机处理大量具有相同属性的对象。使用一般变量描述和存储这类对象比较烦琐。为此 C 语言提供了数组,它是一种多个相同类型数据按顺序组织在一起的有序集合。本章主要内容包括:数组的结构和存储方式;一维数组和二维数组的定义、初始化和访问;字符串和字符数组以及标准库字符串处理函数;基本的查找和排序方法设计;使用数组的常用数据结构(散列表、栈和队)。其基本知识结构如图 5.1 所示。

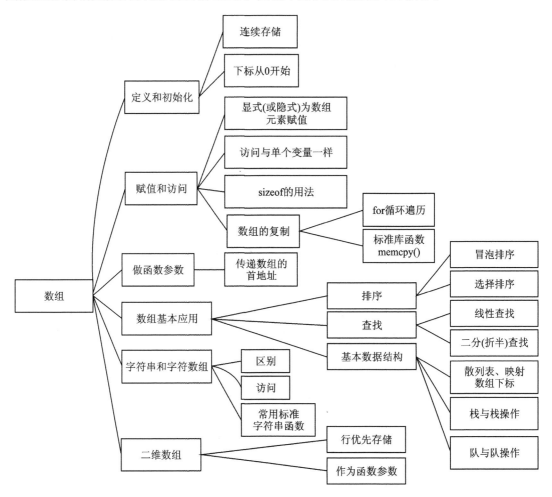

图 5.1　本章基本知识结构

5.1 本章重难点回顾

5.1.1 字符串和字符数组

字符串与字符数组关系非常密切,两者的很多应用可以互相替换,但两者又有区别,注意不能混淆。如"hello"是字符串,也是一个字符数组。字符数组可以用字符串常量初始化,表示字符串的字符数组应足以放置字符串中的所有字符和空字符。例如:

```
char s[ ] = "Hello,world";//字符数组可以用字符串常量初始化
```

等价于:

```
char s[ ] = { 'H','e','l','l','o',',','w','o','r','l','d','\0' };//字符常量序列初始化字符数组
```

字符数组 s 的元素初始化为字符串"Hello,world"的各个字符,数组的长度是编译器根据字符串的长度确定的。字符串"Hello,world"包括 11 个字符加一个字符串终止符(空字符,用字符常量 '\0' 表示)。字符数组 s(上面的定义等价于字符串)实际上包含 12 个元素。没有字符串终止符('\0')结尾的字符数组不能称为字符串,只能说字符数组保存了字符序列,例如:

```
char s[ ] = {'f','i','r','s','t'};
```

(1) 字符串和字符数组的区别。

	字符串	字符数组
常量或变量	常量,只读	变量(如果没有 const 限定,可以被赋值,可读写)
存储区域	特殊的区域	数据区
结束标志	'\0'	无

字符数组元素的访问跟其他类型数组元素的访问一样,每个数组元素就相当于一个字符变量。

```
1    char s[ ] = "first";//或者 char s[ ] = {'f','i','r','s','t','\0'};
2    for(i = 0; s[i]! = '\0'; i++)//判断字符串结束的通常用法
3        printf("%c",s[i]);
```

(2) 字符数组的初始化。

全局数组:未指定初始值时,默认为 '\0'(空字符)。

局部数组:未指定初始值时,值未知;前面部分初始化时,后面未初始化部分默认为 '\0'。

例 5 - 1 统计字母出现的频率。

给出标准输入字符序列,统计输入中的每个小写字母出现的次数、所有大写字母出现的总次数、字符总数。

题解分析：根据题目要求需要统计每个小写字母出现的次数，不同的小写字母共 26 个，所以定义一个能存储 26 个元素的数组，每个元素对应一个小写字母，数组元素的下标与字母在字母表中的顺序——对应，例如下标为 0 的数组元素对应字母 a，下标为 1 的数组元素对应字母 b，以此类推。数组元素初始值为 0，在统计过程中，某个字母每出现一次，与其对应的数组元素的值增加 1，最终可以统计出每个小写字母出现的次数。参考代码片段如下：

```
1    # include <stdio.h>
2    # include <ctype.h>
3    #define N 26
4    int main()
5    {
6        int i,c,upper = 0,total = 0,lower[N] = {0};
7        while((c = getchar()) ! = EOF)
8        {
9            if(islower(c))
10               lower[c - 'a'] ++ ;   //if c is 'a',lower[0] ++
11           else if(isupper(c))
12               upper ++ ;
13           total ++ ;
14       }
15       for(i = 0; i<N; i ++)
16       {
17           if(lower[i]! = 0)
18               printf("% c: % d\n",i + 'a',lower[i]);
19       }
20       printf("Upper: % d\nTotal: % d\n",upper,total);
21       return 0;
22   }
```

注意：这里的用法很巧妙。'a' — 'a' is 0, 'b' — 'a' is 1,……,数组元素（整形变量）lower[0]计数 'a',lower[1]计数 'b',……lower[c — 'a'] ++;等价于 if(c == 'a') lower[0] ++;。

例 5 - 2　计算 n 维向量的点积。

题解分析：设计一个函数实现 n 维向量的点积运算，函数的参数包括两个数组和数组的元素个数，即向量的维度。注意数组作为函数参数的用法。参考代码片段如下：

```
1    # include <stdio.h>
2    #define LEN 5
3    double dot_vec(double [],double [],int);
4    int main()
5    {
6        double a[LEN] = {1,2,3,4,5},b[LEN];
7        int i;
8        printf("input five float number: ");
9        for(i = 0; i<LEN; i ++)
10           scanf("% lf",&b[i]);
```

```
11      printf("dot_vec: % f\n",dot_vec(a,b,LEN));
12          return 0;
13   }
14   double dot_vec(double va[],double vb[],int n)
15   {
16          double s = 0;
17          int i;
18          for(i = 0; i<n; i++)
19              s + = va[i] * vb[i];
20          return s;
21   }
```

注意：函数原型中数组名可省略；对数组元素的访问跟单个变量一样；在调用函数时，若数组作为实际参数，则直接使用数组名（如代码第 11 行中的 dot_vec(a,b,LEN)，实际参数直接使用数组名 a 和 b）；在函数定义时，若数组作为形式参数，数组的长度通常省略（如代码第 14 行中数组 va[] 和 vb[] 作为形式参数都省略了数组长度）；数组实际参数 a 和形式参数 va 可以看成一个对象有两个名字。函数参数的赋值本质上还是值传递，把 a 的值（&a[0]）拷贝给 va，但两者是相同的地址，对 a 或 va 的访问，是访问同一个地址，函数调用的过程中，若 va 的值改变了，则 a 的值就被改变了。

例 5-3 一行字符串倒置。

解题分析：对于一行字符串，可以采用字符数组，由数组下标定位每一个字符的位置，依次交换首尾字符即可实现倒置。参考代码片段如下：

```
1        void str_rev(char s[])
2        {
3            int hi = 0,low = 0;
4            char temp;
5            while(s[hi]! = '\0') //获得字符数组的末尾位置
6                hi ++ ;
7            for(hi -- ; hi>low; low ++ ,hi -- )
8            {
9                temp = s[low];
10               s[low] = s[hi];
11               s[hi] = temp;
12           }
13       }
```

5.1.2 二维数组

与一维数组类似，二维数组可以在语句中赋值，在定义时初始化。没有初始化时，全局数组默认为 0，局部数组的值未定义。初始化值的个数不超过数组范围时，其余部分默认为 0。初始化值的个数超过数组范围时，可能造成运行时报错。以定义局部数组为例：

```
1      int a[2][3] = {{1,2,3},{4,5,6}}; //定义数组 a,并按序对每一个数组元素初始化赋值
2      int b[2][3] = {1,2,3,4,5,6}; //定义数组 b,并按序对每一个数组元素初始化赋值
```

```
3    int c[2][3]={{1,2},{4}};/*定义数组 c,每一行初始化值用一对大括号括起来,初始化值不
```
足时默认值为 0 * /
```
4    int d[ ][3]={{1,2},{4}};/*定义数组 d,行数由初始化值中的行数决定。二维数组初始化时,
```
有时省略行,但列不能省略! * /
```
5    int e[2][3]  ={1,2,3,4};
6    int f[2][3];//定义数组 f,但初始值不确定!
```

例 5 - 4　输入若干行字符串,输出最长行的长度和内容。

题解分析:该题有多种解法,这里考虑使用一个两行 N 列的二维数组,一行作为字符串的输入行,用于存放每次新输入的字符串,另一行用于存放最长行。初始时,两行均为空,第一行标记为最长行,第二行标记为输入行;新输入的字符串存放到输入行,计算输入行字符串的长度,如果大于当前最长行的长度,则将输入行标记为最长行,原最长行标记为输入行。继续输入新的字符串,如此循环,通过互换行标记,当循环结束时,输出标记最长行的字符串就可以。程序分析如下:

目前最长:arr[longest=0]=""

输入前:arr[in=1]=""

输入后:arr[in=1]="…"

若 len>max_len,

则 max_len ← len,in 和 longest 交换数据,字符数组变为:

输入前:arr[in=0]="…"

待输入:arr[in=0]="??"

目前最长:arr[longes=1]="…"

再输入,若输入字符串更长,转到"max_len …"语句。若输入字符串比目前最长的字符串短,不做处理,接着检查下一个输入字符串。输入文件结束时,输出结果。参考代码片段如下:

```
1    #define MAX_N 100
2    char arr[2][MAX_N]={{""}};
3    int in = 1,longest = 0;
4    int max_len = 0,len,tmp;
5    while(gets(arr[in]) ! = NULL)
6    {
7        len = strlen(arr[in]);
8        if(len>max_len)
9        {
10           max_len = len;
11           tmp = in;
12           in = longest;
13           longest = tmp;
14       }
15   }
16   printf(" % d: % s\n",max_len,arr[longest]);
```

注意：掌握 gets()和 strlen()函数的用法。gets()的函数原型是 char * gets(char s[ ])，其表示从标准输入读取完整的一行(直到遇到换行符或输入数据的结尾)，将读取的内容存入字符数组 s 中，并用字符串结束符 '\0' 取代行尾的 '\n'。若读取错误或遇到输入结束则返回 NULL。输入时，一定要确保变量的空间足够存储需要读入的字符串长度。scanf()函数也可以读入字符串，但遇到空白符(空格、回车、制表符)将结束输入，空白符转换为字符串结束标志。所以要想输入包括空格的字符串到字符数组，可以使用 gets()。strlen()的函数原型是 int strlen(char s[ ])，表示返回字符串 s 的字符个数，长度中不包括终止符 '\0'。

5.2 精编实训题集

题 5-1 一维数组应用：进制转换

与"二进制"相比，"三进制"逻辑更接近人类大脑的思维方式。因为在一般情况下，对问题的看法不是只有"真"和"假"两种答案，还有一种"不知道"。在三进制逻辑学中，符号"1"代表"真"；符号"-1"代表"假"；符号"0"代表"不知道"。请编程把输入的"十进制"数转换成"三进制"数并输出。为简单考虑，这里采用的三进制规则是：以 3 为底数，有 0,1,2 三个数码，逢三进一。如果得到的三进制数长度大于等于五位，则在它前面输出 LONG。

输入：有多组数据输入(不超过 1 000 组)，每组数据一行，是一个非负整数 n(int 范围内)。

输出：对每组数据，输出一行 n 的三进制表示。

输入样例	3 1234567	输出样例	10 LONG2022201111201

题 5-2 一维数组应用：阿狄的冒险

阿狄最近沉迷探索神庙，通关神庙需要指定种类素材的帮助。每次需要某种素材时，阿狄会首先在自己的背包中寻找；若不存在，则需要返回仓库取出该种素材，并放入背包以备后面的冒险之需。背包有 M 个空格用以存放素材，当背包中有多余空格(素材种类数小于 M)时会直接放入背包；若背包已满，则会将最早放入背包的素材放回仓库以腾出空间，存放所需新素材。这次阿狄有 N 个神庙需要探索，出发时背包是空的，那么他需要返回多少次仓库？

输入：输入共两行。第一行为两个整数 M 和 N，代表背包上限和神庙总数；第二行为空格分隔的 N 个整数，依次代表神庙所需的素材种类标号。保证标号在[0,1 000]之间。$0 \leqslant M \leqslant 100, 0 \leqslant N \leqslant 1 000$。

输出：输出一个整数，表示需要返回仓库的次数。

输入样例	2 5 1 2 1 3 1	输出样例	4

样例说明	通关第 1 个神庙,需要素材 1,而素材 1 不在背包,需要返回仓库取出并放入背包;通关第 2 个神庙,需要素材 2,而素材 2 不在背包,需要返回仓库并放入背包;通过第 3 个神庙,需要素材 1,而素材 1 已在背包中,继续冒险;通关第 4 个神庙,需要素材 3,而素材 3 不在背包,但背包已满,于是将最早放入背包的素材 1 清除,返回仓库并把素材 3 放入背包;通关第 5 个神庙,需要素材 1,素材 1 不在背包,但背包已满,将当前背包中最早放入的素材 2 清除,返回仓库并把素材 1 放入背包。

题 5-3　一维数组应用:最萌身高差

假设班里同学们身高皆为正整数,不同同学间身高可能相同。具有"最萌身高差"的两位同学的身高 $h1$、$h2$ 满足条件 $|h1-h2|>10$,且奇偶性相同。请编程统计哪些同学间有"最萌身高差"。

输入:第一行,一个不超过 100 的正整数 N,表示班里同学人数;第二行,N 个不超过 200 的正整数,以空格分隔,表示班里所有同学的身高。

输出:按升序输出每一对具有"最萌身高差"的同学的序号。每一行输出一对,空格分隔两个序号,先输出较小的序号(序号为 1,2,…,N,以输入顺序为准)。每一对"最萌身高差"只输出一次,即:同学 1 和同学 2 满足条件时,只须输出 1 2,而不再输出 2 1。

输入样例	8 150 175 160 186 177 174 160 190	输出样例	1 4 1 6 1 8 3 4 3 6 3 8 4 6 4 7 6 7 6 8 7 8

题 5-4　一维数组应用:卖口罩

传染病席卷某城,该城市唯一的一家大药店还未开张,人们就在门口排起了长队购买口罩。一只口罩售价 1 元钱,规定每个人只能买一只口罩且只能使用现金交易。不巧的是,每位顾客都只带了一个 1 元硬币或一张 2 元纸币或一张 5 元纸币,而药店里恰好没有现金可以提供找零。该大药店能否通过只收顾客的现金来度过这次危机?

输入:多组数据输入。每组数据两行,第一行,一个整数 $n(1 \leqslant n \leqslant 10^5)$,代表排队买口罩的顾客总数;第二行为 n 个整数,以空格分隔,代表每位顾客随身携带的金额数。保证所有输入 n 的和不超过 10^6。

输出:每组一行字符串。若可以度过这次危机,输出 Survived,否则输出 Bankrupted。

输入样例	5 1 1 1 2 5 3 1 5 5	输出样例	Survived Bankrupted

题 5-5 一维数组应用:成绩平均分

在某次上机训练后,任课老师得到了全班学生的上机成绩单。他不仅想知道全班的平均成绩,还想了解达到(大于等于)平均分和未达到(小于)平均分的人数以及这两批人分别的平均分。请编写程序帮任课老师实现。

输入:有多行输入,每行一个整数,为一名同学的分数。

输出:输出共三行。第一行为全部同学的人数和平均分;第二行为所有达到平均分的人数及这些人的平均分;第三行为所有未达到平均分的人数及这些人的平均分。对于以上的每一个平均分,如果能整除则输出整数,否则请保留 2 位小数,并且人数和平均分之间以一个空格分隔。学生总数大于等于 3 且不超过 100,成绩均为非负整数且不超过 100。所有人的成绩不会完全相同。运算过程不会超过 int 范围。

输入样例	80 95 78 75 26	输出样例	5 70.80 4 82 1 26

题 5-6 一维数组应用:狐狸捉兔子

兔子可能藏在山底 10 个洞之中,狐狸要吃兔子先从 10 号洞出发,到 1 号洞找;第二次从 1 号洞出发,隔 1 个洞,到 3 号洞找;第三次从 3 号洞出发,隔 2 个洞到 6 号洞找,以后如此类推,次数不限。但狐狸从早到晚进进出出了 1 000 次,仍没有找到兔子。请问兔子究竟藏在哪个洞里?输出兔子可能藏的山洞的编号。

输入:无。

输出:输出兔子可能藏的洞,如果有多个,用空格分隔。如果不存在这样的洞,输出 "NIE"(不含引号)。

题 5-7　一维数组应用：子序列

给出两个数字序列 A 和 B，判断 B 是否是 A 的子序列。是输出"TAK"，不是输出"NIE"（不含引号）。设序列 A 和 B 的长度分别为 n 和 m。序列 B 是 A 的子序列，当且仅当存在下标序列 $1\leqslant i_1<i_2<\cdots<i_m\leqslant n$，满足对 $\forall j\in[1,m]$，有 $A_{i_j}=B_j$。

输入：第一行中的两个由空格隔开的整数 n 和 m，分别表示序列 A 和 B 的长度（$1\leqslant n$，$m\leqslant 10^5$）；第二行中的 n 个由空格隔开的整数，表示序列 A；第三行中的 m 个由空格隔开的整数，表示序列 B。所有序列中的数均在 int 范围内。

输出：TAK 或者 NIE。

输入样例	7 4 1 2 3 2 1 2 1 1 2 1 1	输出样例	TAK

题 5-8　一维数组应用：孤独的数

给定一个数组 A，找到第一个出现仅一次的数。如：1,2,1,2,7,2,8，找出 7。

输入：第一行输入一个数 n（$1\leqslant n\leqslant 500$），代表数组的长度。接下来一行输入 n 个 int 范围内的整数，表示数组 A。保证输入的数组存在至少一个仅出现一次的数。

输出：输出一个整数，表示数组中只出现一次的数。

输入样例	4 0 0 0 5	输出样例	5

题 5-9　一维数组应用：数组漂移

对于一个数组，定义一种"漂移"操作：将数组中的所有元素依次右移一位，超出原来长度的部分按次序拼接到原数组左侧。例如：对于一组数 1 4 2 8 5 7，第一次漂移得到 7 1 4 2 8 5，第二次漂移得到 5 7 1 4 2 8。

输入：第一行输入数组元素的个数 len（$0<\text{len}\leqslant 20$）；第二行输入 len 个 int 型整数，用空格分隔；第三行输入漂移的次数 n（n 为 int 型整数）。

输出：输出此数组漂移 n 次之后的结果，用空格分开。

输入样例 1	3 5 0 3 2	输出样例 1	0 3 5
输入样例 2	5 1 2 3 4 5 7	输出样例 2	4 5 1 2 3

题 5-10 一维数组应用：统计质数

统计不大于 n 的质数的数量。

输入：一个数 $n(1 \leqslant n \leqslant 10\ 000\ 000)$

输出：不大于 n 的质数的个数。

输入样例	100	输出样例	25

题 5-11 一维数组应用：火柴拼图

给你 n 根火柴棍，可以拼出多少个形如"A＋B＝C"的等式？等式中的 A、B、C 是用火柴棍拼出的整数（若该数非零，则最高位不能是 0）。用火柴棍拼数字 0~9 的拼法如图 5.2 所示。

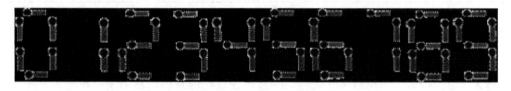

图 5.2 题 5-11 用图

注意：加号与等号各自需要两根火柴棍；如果 A≠B，则 A＋B＝C 与 B＋A＝C 视为不同的等式（A、B、C≥0）；n 根火柴棍必须全部用上。

输入：一个整数 $n(0 \leqslant n \leqslant 24)$。

输出：能拼成的不同等式的数目。

输入样例	14	输出样例	2
样例说明	14 根火柴棍能拼成的两个等式是 0＋1＝1 和 1＋0＝1。		

题 5-12 一维数组应用：约瑟夫问题

设有 n 个人围坐在一个圆桌周围，编号顺序从 1 到 n。现从第 s 个人开始报数，数到 m 的人出列，然后从出列的下一个人重新开始报数，数到 m 的人又出列。如此重复直到所有的人全部出列为止。对于任意给定的 n，s 和 m，输出按出列次序得到的 n 个人员的编号。

输入：三个空格分隔的整数 n，s 和 m，其中 $1 \leqslant n$，$m \leqslant 10^2$，$1 \leqslant s \leqslant n$。

输出：输出 n 行，表示 n 个人的出列序列。

输入样例	3 1 2	输出样例	2 1 3

题 5-13　一维数组应用：求蓄水量

假设在某个二维空间内有很多长方形柱子排成一行，计算洪水过后这些柱子间能存多少水（假设柱子与柱子间不漏水）？

输入：两行，第一行是一个正整数 n，代表柱子的个数（$0<n\leqslant 1\,000$）；第二行是 n 个整数，由空格分隔，代表这些柱子的高度 h（$h\geqslant 0$）。所有柱子的宽度都为 1。

输出：一行，表示能存蓄的总水量（以单位体积计）。

输入样例1	3 1 0 1	输出样例1	1
输入样例2	4 3 1 2 3	输出样例2	3
样例说明	样例 1 代表了一组凹字形的排列，形如 凵_凵，中间凹下去的部分可以蓄水，由于柱子宽度为 1，蓄水量为 $1*1=1$（单位体积）。样例 2 表示有 4 根柱子，示意图如下： 依据题意左数第 2 根柱子和第 3 根柱子可蓄水，其上方的蓄水量分别为 2 和 1 个单位体积，因而总蓄水量为 3，输出 3。		

题 5-14　一维数组应用：元素查找

给定一个长度为 n 的单调非降序数组（即可能有重复元素），指定 k 个查询请求，每次查询包含一个整数 m。对于每个查询请求，输出数组中 m 出现的最大下标（下标从 0 开始），若数组中没有 m，则输出 -1。

输入：第一行为两个正整数 n 和 k（$n,k\leqslant 10^5$），n 为数组长度，k 为查询请求的个数；第二行为 n 个整数 a_i，为数组的 n 个元素，保证在 int 范围内，且这 n 个数是单调非降序的；第 3～$k+2$ 行每行一个整数 m_i，保证在 int 范围内，依次为 k 个查询请求对应的整数 m。

输出：对于每个查询请求，输出一行一个整数 index，为该查询的答案。

输入样例	10 3 1 2 3 3 4 5 6 8 8 8 5 3 8	输出样例	5 3 9

题 5－15　一维数组应用：绝对值排序问题

课上所学的排序方法，仅仅是按数据的数值大小进行排序，那么如果按照数据的其他性质进行排序，例如绝对值，该怎样设计算法呢？请设计一个将若干数据按绝对值进行排序并输出的程序。

输入：输入两行。第一行是数据的数量 $n(1{\leqslant}n{\leqslant}100)$；第二行是 n 个由空格隔开的数据（均为 int 型）。

输出：按绝对值从小到大的排序输出这 n 个数据。规定对绝对值相同的两个相反数排序时，负数在前。

输入样例	3 －2 3 1	输出样例	1 －2 3

题 5－16　一维数组应用：集合的加法

假设随机给定一个正整数集合，集合中的数各不相同，请设计程序计算其中有多少个数，恰好等于集合中另外两个（不同的）数之和？

输入：输入共两行，第一行输入一个整数 n，表示给定的正整数集合中数的个数（$3{\leqslant}n{\leqslant}100$）；第二行有 n 个正整数，表示给定集合中的正整数，数之间用空格隔开。给出的正整数均不大于 10 000。

输出：输出一个整数，表示符合题意的正整数的个数。

输入样例	4 1 2 3 4	输出样例	2
样例说明	1＋2＝3，1＋3＝4，故满足测试要求的答案为 2。注意，加数和被加数必须是集合中两个不同的数。		

题 5－17　一维数组应用：首个出现三次的字母

读入一个字符串，查找字符串中首个出现 3 次的小写字母。输出该字母及其在字符串中第 1 次、第 2 次和第 3 次出现的位置。字符位置从 1 开始计。

输入：一个字符串，保证只有小写字母，保证一定有出现 3 次的字母。字符串长度小于 100。

输出：输出该字母及其在字符串中第 1 次、第 2 次和第 3 次出现的位置，三次出现的位置及其与字母间以空格分隔。

输入样例	helloworld	输出样例	l 3 4 9

题 5-18　一维数组应用：字符统计

从标准输入上读入一行字符串，总字符个数在 1 000 以内，每个字符都是可见字符（即 ASCII 码值在[32,126]范围内）。在标准输出上依次输出这行字符串中数字、小写字母、大写字母每种各有多少个。注意使用 EOF 判断输入结束。

输入：一行字符串，长度小于等于 1 000。

输出：共三行。第一行为空格隔开的 10 个整数，分别表示输入字符串中数字字符 '0'，'1'，...，'9' 的个数；第二行为空格隔开的 26 个整数，分别表示输入字符串中小写字母 'a'，'b'，...，'z' 的个数；第三行为空格隔开的 26 个整数，分别表示输入字符串中大写字母 'A'，'B'，...，'Z' 的个数。

输入样例	{2}[a]Z	输出样例	0 0 1 0 0 0 0 0 0 0 1 0 0 0 0 0 0 0 0 0 0 0 0 0 0 0 0 0 0 0 0 0 0 0 0 0 0 0 0 0 0 0 0 0 0 0 0 0 0 0 0 0 0 0 0 0 0 0 0 0 0 1

题 5-19　字符串和字符数组：分子量

给出一个分子式（不带括号），求相对分子质量。本题只包含 4 种原子，分别为 C、H、O 和 N，相对原子质量分别为 12.01、1.008、16.00 和 14.01（单位：g/mol）。

输入：输入一个不带括号的分子式，字符串长度不超过 100，分子式只有指定的 4 种大写字母。

输出：输出分子式的相对分子质量，小数点后保留三位。

输入样例	C6H5OH	输出样例	94.108

题 5-20　字符串和字符数组：字符统计

从标准输入读入一句英文文本，其仅由大小写字母、空格、逗号、英文句号组成。统计其中：① 每个小写字母出现次数；② 每个大写字母出现次数与字符总数（空格与标点不计入其内）；③ 单词总数。每个单词用空格、句号或者逗号隔开，两个单词之间可能不止一个分隔符号。

输入：一行，需要统计的语句，总长度不超过 200。

输出：每条语句，先输出每个小写字母出现的次数，再输出大写字母出现的次数，两者均按字母表顺序输出，最后输出单词总数和字符总数。每个数据占一行，未出现的字符不输出，具体见样例。

			a:1
			e:1
			g:2
			i:1
			l:1
			m:2
			n:1
输入样例	I. love C,Programming.	输出样例	o:2
			r:2
			v:1
			C:1
			I:1
			P:1
			3
			17

题 5－21　字符串和字符数组：字符串匹配

给定两个不同长度的字符串,输出第一个字符串中所含第二个字符串的数量。

输入：共两行。每行一个字符串,保证其中第一个字符串长度不小于第二个字符串,且两字符串长度均不大于 100。

输出：一个整数,表示第一个字符串中包含第二个字符串的数量。

输入样例 1	abbabbcd abb	输出样例 1	2
输入样例 2	abababa aba	输出样例 2	3

题 5－22　字符串和字符数组：字符串纠错

假设手放在键盘上输入字符串的时候,稍不注意将字符均往右错了一位。这样,输入 Q 会变成输入 W,输入 J 会变成输入 K 等,但空格的输入还是正常的。请设计程序,把打错的字符串还原。

输入：错位后敲出的字符串。有可能出现数字和键盘上的各个英文符号,所有字母均大写,不包含键盘的功能键。保证输入合法,即一定是错位之后可能出现的字符串。例如,输入中不会出现大写字母 A。

输出：错位之前的原句。

输入样例	O S,GOMR YPFSU/	输出样例	I AM FINE TODAY.

题 5-23　字符串和字符数组：简写字符串的扩展

　　在输入的字符串中，如果有类似"d-h"或者"4-8"的子串，就把它当作几个连续同类字符的简写。即在输入的字符串中，出现了减号"一"，如果减号右边的字符严格大于左边的字符（比较 ASCII 值），同时还需要满足两个字符是同类字符（同为小写字母、大写字母或者数字），就可以扩展该字符串，用连续递增的字符替代其中的减号。例如，上面两个子串分别扩展输出为"defgh"和"45678"。如果不满足严格大于条件，则不能去掉减号，保持原样输出，如"4-1"输出"4-1"、"3-3"输出"3-3"。

　　输入：输入一行简写字符串（保证每个输入字符的 ASCII 值都在 $[33,126]$），字符串长度不超过 100，保证不会连续出现两个减号、输入不是空行、减号不会出现在字符串的开头和结尾。

　　输出：输出一行，为扩展后的字符串。

输入样例	a-f-g-h-hda-!	输出样例	abcdefgh-hda-!

题 5-24　字符串和字符数组：Excel 表的列号

　　Excel 中采用列号"A，B，C，D，...，AA..."代表列的按序号排列。给定一个 Excel 表格中显示的列号，返回其相应的列序号。

　　输入：一个字符串（长度不超过 10）表示列标题。

　　输出：输出一行，对应的列号。

输入样例 1	A	输出样例 1	1
输入样例 2	B	输出样例 2	2
输入样例 3	AA	输出样例 3	27

题 5-25　字符串和字符数组：求相反数

　　对于一个补码表示的二进制数，首位是它的符号位，求它的相反数。

　　输入：有多组数据输入，数据组数不超过 100。每组数据一行是只包含 0 和 1 的字符串，长度为 w，代表一个补码表示的 w 位二进制数，首位是它的符号位（$2 \leqslant w \leqslant 10^5$）。

　　输出：对于每一组数据，如果它的相反数可以被 w 位二进制补码数字表示出来，则输出一行字符串，表示输入二进制补码数字的相反数。要求不省略前导 0，输出的字符串长度和输入的相同，即长度为 w。如果其相反数不能被 w 位二进制补码数字表示出来，请输出 overflow!

输入样例	111111 101001000101 10000000 0001	输出样例	000001 010110111011 overflow! 1111

题5-26 二维数组应用：卷积计算

在神经网络图像识别和图像处理中，卷积是一种重要的运算。通常情况下，图片的每一个像素点都可以用一个数字来表示，因此可以用一个对应大小的像素矩阵来代表这张图片。卷积运算需要一个小矩阵 $C_{m \times m}$（卷积核）和一个大矩阵 $A_{h \times w}$（被处理图片），同时输出一个新的矩阵 $B_{(h-m+1) \times (w-m+1)}$。具体来说，新矩阵的 y 行 x 列的元素满足

$$B_{yx} = \sum_{i=1}^{m} \sum_{j=1}^{m} A_{(y+i-1)(x+j-1)} \times C_{ij}$$

现在给定被处理图片的矩阵 $A_{h \times w}$ 和卷积核矩阵 $C_{m \times m}$，请求出经过卷积核处理后的图片矩阵。

输入：第一行是由空格分隔的整数 $h, w (1 \leq h \leq 720, 1 \leq w \leq 960)$ 与 $m (3 \leq m \leq 11$ 且为奇数)，表示输入的图片有 h 行 w 列，卷积核的尺寸是 $m \times m$。保证图片大于卷积核；接下来是 h 行，每行有 w 个由空格分隔开的整数，表示被处理图片。每个像素的值是 $[0,255]$ 的整数；然后是 m 行，每行有 m 个由空格分隔开的整数，表示卷积核。卷积核的值是 $[-10,10]$ 的整数。

输出：输出 $h-m+1$ 行，每行有 $w-m+1$ 个整数，由空格分隔，表示处理后的图片（比输入图片小一圈）。

输入样例	5 5 3 1 1 1 0 0 0 1 1 1 0 0 0 1 1 1 0 0 1 1 0 0 1 1 0 0 1 0 1 0 1 0 1 0 1	输出样例	4 3 4 2 4 3 2 3 4

题5-27 二维数组应用：蛇形矩阵

输入一个整数 n，在 $n \times n$ 的方阵里填入数字 $1, 2, 3, \ldots$，使之构成蛇形矩阵。

输入：一个正整数 $n (1 \leq n \leq 20)$。

输出：输出 n 行，每行有用空格隔开的 n 个整数。所有输出构成一个蛇形矩阵，最小元素在右上角，其余数字依次顺时针排列，具体要求见样例。

输入样例	4	输出样例	10 11 12 1 9 16 13 2 8 15 14 3 7 6 5 4

题 5－28　二维数组应用：游戏教学

在 C 语言中可以利用二维数组来生成地图,实际上很多大型游戏中的地图其实都是由维度比较高的数组生成的。给定一张地图,地图上绘有若干个小岛,请编程在给定的地图中找到岛的准确数量。给定只包含陆地和海洋的二维数组表示地图,其中陆地用 1 表示,海洋用 0 表示,一个岛指四周都被水包围的一块陆地,其可以为单独一块陆地,也可以由水平或垂直方向上相邻的陆地连接而成。可以假设这个地图所有四个边都被水包围。

输入:第一行两个数字 $x,y(0<x,y<20)$,表示数组的两个维度的长度,分别代表地图的高度和宽度。接下 x 行,每行是一个由 0 和 1 构成的长度为 y 的字符串,表示二维数组的元素。

输出:输出一行,为一个整数,代表该地图中岛的数量。

输入样例 1	4 5 11110 11010 11000 00000	输出样例 1	1
输入样例 2	4 5 11000 11000 00100 00011	输出样例 2	3
样例说明	对于样例 1,代表一个高度为 4,长度为 5 的地图,示意图如下: 据题目对于岛的定义,图中用线段标注并连接起来的区域为一个岛,且在该地图中,只有一个岛,因而输出岛的数量为 1。对于样例 2 的说明读者可依此类推。		

5.3 题集解析及参考程序

题 5-1 解析 一维数组应用：进制转换

问题分析：将一个数字变成三进制，与转换成二进制类似，只需要对它逐步模 3 取余，再除以 3 直到它变成 0，倒序输出即可。

实现要点：对应多组数据输入常用 while 实现（见代码第 2 行）。定义一个一维数组 ans 将输入数据模 3 后的余数依次储存（见代码第 8～13 行），再倒序输出即可（见代码第 17～19 行）。参考代码片段如下：

```
1    int a,num,i,ans[100];
2    while(scanf("%d",&a) ! = EOF)
3    {
4        num = 0;
5        ans[num] = a % 3;
6        a / = 3;
7        num ++ ;
8        while(a>0) //三进制转换处理
9        {
10            ans[num] = a % 3;
11            a / = 3;
12            num ++ ;
13        }
14        if(num> = 5){
15            printf("LONG");
16        }
17        for(i = num - 1; i> = 0; -- i){ //倒序输出
18            printf("%d",ans[i]);
19        }
20    printf("\n");
21    }
```

题 5-2 解析 一维数组应用：阿狄的冒险

问题分析：由于背包不够用时的策略为，取出最早放入的素材，可以参考队列的先进先出原则设置首尾的标志位。因为素材种类数量较少，也可以更简单地单独设置标志表示每个素材是否在背包中。对于每一个神庙所需的素材，判断此素材是否在背包中，如果不在背包中，则需要放入背包中，并标记在背包中。取回时判断背包是否已满，如果已满则首部标志位加一，且对应的素材标记不在背包中。

实现要点：使用首部尾部两个标志位实现取放过程，首、尾标志位之差表示目前背包的素材数量。使用 has[] 表示背包中是否包含某素材，has[a]＝1 表示背包中有 a 素材。ans 对返回取素材的次数进行计数。参考代码片段如下：

```
1    #define MAXN(1010)
2    int head,tail,bag[MAXN];
3    int has[MAXN];
4    int m,n,i,ans = 0;
5    scanf("%d%d",&m,&n);
6    head = tail = 0;
7    for(i = 0; i<n; ++i){
8        int x;
9        scanf("%d",&x);
10       if(!has[x]){
11           ++ans;
12           has[x] = 1;
13           bag[tail ++] = x;
14           if(tail - head>m)
15               has[bag[head ++]] = 0;
16       }
17   }
18   printf("%d\n",ans);
```

题 5-3 解析　一维数组应用：最萌身高差

问题分析：本题主要考查采用双重循环结构进行遍历。根据题目要求将数据存储，再利用双重循环依次匹配即可。

实现要点：利用双重循环不重复地遍历每一个身高组合，内层 for 循环从外层 for 循环的 $i+1$ 开始。注意题目中满足要求的条件即可，另外注意输出的下标是从 1 开始的。参考代码片段如下：

```
1    int N,h[100],i,j;
2    scanf("%d",&N);
3    for(i = 0; i<N; i++)
4        scanf("%d",&h[i]);
5    for(i = 0; i<N-1; i++)
6        for(j = i+1; j<N; j++)
7            if((h[j]-h[i]) % 2 == 0 &&(h[j]-h[i]>10 || h[i]-h[j]>10))
8                printf("%d %d\n",i+1,j+1);
```

题 5-4 解析　一维数组应用：卖口罩

问题分析：根据题意，若需要找零则应优先使用两元纸币，由于大家都不可以插队，故利用 for 循环依次判断即可。

实现要点：外层 for 循环遍历所有顾客，采用 2 个变量分别记录 1 元和 2 元钱币数量，内层采用 while 循环进行找零，优先使用 2 元纸币，若无法找零立刻结束程序并输出 Bankrupted。参考代码片段如下：

```
1    int q[100007];
```

```
2      int n;
3      while(~scanf(" % d",&n))
4      {
5          int a = 0,b = 0,m,i; //a:1 元存量 b:2 元存量 m:当前顾客随身携带的金额数
6          for(i = 0; i<n; i++)
7              scanf(" % d",&q[i]);
8          for(i = 0; i<n; i++)
9          {
10             m = q[i];
11             if(m == 1)
12                 a++;
13             else if(m == 2)
14             {
15                 b++;
16                 a - = 1;
17                 if(a<0)
18                     break;
19             }
20             else
21             {
22                 m--;
23                 while(m> = 2 && b>0) //优先使用两元找零
24                 {
25                     b--;
26                     m - = 2;
27                 }
28                 while(m> = 1)
29                 {
30                     a--;
31                     m - = 1;
32                 }
33                 if(a<0)
34                     break;
35             }
36         }
37         if(i == n)
38             printf("Survived\n");
39         else
40             printf("Bankrupted\n");
41     }
```

题 5-5 解析　一维数组应用：成绩平均分

问题分析：按照题目要求，采取"多组数据"方式读入每位同学的分数（在 Windows 本地调试时用 Ctrl＋Z 结束输入），边输入边计数最终即可得到输入数据的个数。先计算总体的平

均分,然后再次循环遍历每位同学的成绩,分别与平均分比较,归类到“大于等于平均分”或“小于平均分”并相求和与计数。最后将三组计数与平均分输出。

实现要点:因为涉及两次遍历所有的成绩,所以用一维数组 score 将所有同学的成绩储存起来,第一遍得到平均分及所有人数;第二遍得到达到平均分和未达到平均分的人数及其平均分。在最终输出时,需判断平均分是否整除。如果能整除,则直接除就可以。如果不能整除,要得到实数的商,则需要对被除数进行类型转换。可以参考例程中的做法,将被除数先乘以1.0 转换为浮点数 1.0 * a/b(见代码第 38 行);也可以用强制类型转换,即(double)a/b。参考代码片段如下:

```
1    int n = 0,score[105],i;
2    int sum = 0; //所有人的总分
3    double aver; //总体平均分
4    int sum_hi = 0,sum_lo = 0; //大于等于平均分、小于平均分的人的总分
5    int cnt_hi = 0,cnt_lo = 0; //大于等于平均分、小于平均分的人数
6    /* 一边输入,一边计数和累加总分 */
7    while(scanf("%d",&score[n]) != EOF){
8        sum += score[n];
9        n++;
10       }
11   /* 输出总人数和总平均分,这里对总平均分能否整除分别处理 */
12   printf("%d",n);
13   if(sum % n == 0)
14       printf("%d\n",sum / n);
15   else
16       printf("%.2f\n",sum * 1.0 / n);
17   aver = sum * 1.0 / n; //把平均分算出来,将每个同学的分数与之比较
18   for(i = 0; i<n; i++)
19       if(score[i]>= aver)
20       {
21           sum_hi += score[i];
22           cnt_hi++;
23       }
24       else{
25           sum_lo += score[i];
26           cnt_lo++;
27       }
28   /* 输出高分和低分的人数与平均分,处理方式与总体的类似 */
29   printf("%d",cnt_hi);
30   if(sum_hi % cnt_hi == 0)
31       printf("%d\n",sum_hi / cnt_hi);
32   else
33       printf("%.2f\n",sum_hi * 1.0 / cnt_hi);
34   printf("%d",cnt_lo);
35   if(sum_lo % cnt_lo == 0)
```

```
36        printf("% d\n",sum_lo / cnt_lo);
37   else
38        printf("%.2f\n",sum_lo * 1.0 / cnt_lo);
```

题 5-6 解析　一维数组应用：狐狸捉兔子

问题分析：本题可以归纳为第一次访问 10 号洞,第二次访问 1 号洞(与上次相隔 0 个洞),第三次访问 3 号洞(与上次相隔 1 个洞)。也就是每次访问洞序号之间的间隔(步长)依次增加,超过了 10 则从 1 号洞继续计算,用表达式表示就是 now=(now+step) % 10;可以抽象为用一个一维数组表示兔子洞,并将初始值设为 0,然后用循环模拟狐狸找兔子的行为 1 000 次,对访问过的洞进行标记赋值,最后遍历寻找没有被标记的洞,从而输出。

实现要点：在模拟狐狸找兔子的行为时,按题目要求,设定一个循环分 1 000 次递进步长,设定一个变量 now 保存当前访问的总步数,从第 10 号洞,第一次以步长 1 递进,当前访问的总步数加上这个步长,当前访问的洞数为当前访问的总步数余 10,然后将当前洞数对应的 1 维数组的值设为 1,代表该洞被访问到了。循环结束后,遍历数组,值为 0 的说明没被访问过,将其下标对应输出,如果数组的值都为 1 则输出"NIE"。

```
1    int vis[10] = {0};
2    int now = 9;//表示当前洞的数组下标
3    int i,step,isFound = 0;

4    for(step = 1; step <= 1000; ++ step)
5    {
6        now = (now + step) % 10;//每次跳过 step-1 个洞。模 10 控制洞号不大于 10
7        vis[now] = 1;//访问到的数组赋值 1
8    }
9    for(i = 0; i<10; ++ i)
10   {
11       if(! vis[i])//判断没有被赋值的数组元素,输出对应的兔子洞号
12       {
13           printf("% d ",i + 1);
14           isFound = 1;//记录存在未被访问的洞
15       }
16   }
17   if(! isFound)
18       printf("NIE");
19   printf("\n");
```

题 5-7 解析　一维数组应用：子序列

问题分析：本题给定两个整数序列,判断第二个序列是否包含在第一个序列之中。根据题目对于子序列的规定,就是要在 A 序列中找一个递增的下标序列(不要求连续)使其和 B 序列完全相等;可以用数组储存序列 A,B 的数据,然后通过一次遍历来判断是否是子序列。实现要点如下：

实现要点：本题的数据个数不超过 10^5 个,可以采用枚举的方法。先从两个序列的起始位置开始,分别用两个变量 i 和 j 指向数列 A 和 B 的首位置。依次枚举 j 从 0 到 $m-1$,对于每个固定的 j,不断增加 i 直到 $a[i]$ 与 $b[j]$ 相等。遍历完成后,检查 j 是否等于 B 的长度 m 即可。参考代码片段如下:

```
1    #define MAXN(100010)
2    int i,j,n,m;
3    int a[MAXN],b[MAXN];//数组储存两组序列的数据
4    scanf("%d%d",&n,&m);
5    for(i=0; i<n; ++i)
6    {
7        scanf("%d",&a[i]);
8    }
9    for(i=0; i<m; ++i)
10   {
11       scanf("%d",&b[i]);
12   }
13   for(i=0,j=0; i<n && j<m; ++i,++j)
14   {
15       while(i<n && a[i]!=b[j])//不断增加i直到a[i]与b[j]相等
16       {
17           ++i;
18       }
19       if(i==n)
20       {
21           break;
22       }
23   }
24   puts(j==m ? "TAK" : "NIE");
```

题 5-8 解析　一维数组应用：孤独的数

问题分析：用数组来储存输入的 n 个数,要找到该数组中出现次数仅一次且排在第一位的数字并输出。考虑到 n 最大只有 500,因而对于数组中的每一个数,可以遍历一遍数组并判断与当前这个数相等的数的个数,来确定这个数是否只出现了一次。

实现要点：循环遍历数组,先判断数组中第一个数字在数组中的个数是否为 1,如果是,将该结果输出;如果不是,继续遍历数组中的下一个数,如此类推。具体实现时,对于数组中的每一个数字,首先设置变量 flag 为 0(见代码第 10 行),然后判断数组中的所有数字是否与该数字相同。如果除了该数字本身外,没有其他与之相同的数字存在,则 flag 值应该为 1(因为它和自己相同)。所以,参考代码中内层循环(见代码第 11~17 行)结束,当 flag 值为 1 时,就输出该层循环对应的数字(见代码第 20 行)。参考代码片段如下:

```
1    int A[503];
2    int n,i,j,flag=0;
```

```
3     scanf("% d",&n);
4     for(i = 0; i<n; ++ i)
5     {
6         scanf("% d",&A[i]);
7     }
8     for(i = 0; i<n; ++ i)
9     {
10        flag = 0;//每次 i 循环都要重置 flag 的值
11        for(j = 0; j<n; ++ j)
12        {
13            if(A[i] == A[j])
14            {
15                flag ++ ;
16            }
17        }
18        if(flag == 1)//只出现一次,自己和自己相等
19        {
20            printf("% d\n",A[i]);
21            break;
22        }
23    }
```

题 5 - 9 解析　一维数组应用:数组漂移

问题分析:本题需要理解数组的下标,将一个一维数组向右移动一定的位数,超出数组长度的部分补到数组的左边,生成新的数组并输出。从取模的角度来看,无论移动多少次,数组中的数的相对位置并不发生改变,比如输入样例 1,无论移动多少次,5 后面是 0(下标超过了数组长度就对其取模),0 后面是 3,所以只要找到移动之后的数组的首元素,然后遍历一遍输出就可以了。

实现要点:根据题意,当右移后,超出原数组长度的元素依次放入数组左边,所以可运用模运算方法求出数组元素移动后的新下标,然后输出即可。整个移位过程实际是一个循环过程,当 n 的值是数组长度的整数倍时,正好和原数组一致,所以在程序中只考虑 $n\%len$ 次的移位即可,如果原数组元素的下标为 i 则对应移位后的数组为 $(i+n)\%len$。所以实际上移动的并不是数组,而是首次输出元素的下标。参考代码片段如下:

```
1     int len,n,i,array[22];
2     scanf("% d",&len);
3     for(i = 0; i<len; i ++ )
4         scanf("% d",&array[i]);
5     scanf("% d",&n);
6     n = len - n % len;//移动后数组首元素在原数组中的下标
7     for(i = 0; i<len; i ++ )
8         printf("% d ",array[(i + n) % len]);
```

题 5 - 10 解析　一维数组应用：统计质数

问题分析： 给定一个数 n，统计所有小于 n 的质数的个数。本题应用质数筛法求解。因为 n 的上界很大，如果用枚举法循环判断，程序的时间复杂度会太高。质数筛法思想如下：若一个数不是质数，则必存在一个小于它的质数为其因数。那么，假如已经获得了小于一个数的所有质数，只须确定该数不能被这些质数整除，这个数即为质数。但是这样的做法似乎依然需要大量的枚举测试工作。所以可以换一个角度，在获得一个质数时，将它的所有倍数均标记成非质数，这样当遍历到一个数时，它没有被任何小于它的质数标记为非质数，则确定其为质数。

实现要点： 用两个数组 prime 和 mark 分别保存筛得的质数以及标记，若 mark[x] 为 1，则表示该数 x 被标记成非质数。首先，在数组 mark 中，将 1 标记为非质数。然后从 2 开始遍历 2 到 10 000 000 的所有整数，若当前整数不是某个小于其质数的倍数，则判定其为质数，并标记它所有的倍数为非质数。接着继续遍历下一个数，直到遍历完 2 到 10 000 000 区间内所有的整数。此时，所有没被标记成非质数的数字即为质数。参考代码如下：

```
1    # include <stdio.h>
2    long long prime[10000000];      //保存筛得的质数
3    int mark[10000001] = {0}; //若 mark[x] 为 1，则表示该数 x 被标记成非质数
4    int main()
5    {
6        long long primeSize;    //保存质数的个数
7        long long i,j;
8        long long n,sum = 0;
9        //用质数筛法，在程序一开始首先取得 1 到 10 000 000 中所有质数
10       mark[1] = 1;   //1 不是质数
11       primeSize = 0;    //初始得到的质数个数为 0
12       for(i = 2; i < 10000001; i++)   //依次遍历 2 到 10 000 000 所有数字
13       {
14           if(mark[i] == 1)   //若该数字已经被标记为非质数，则跳过
15           {
16               continue;
17           }
18           prime[primeSize ++ ] = i;   //否则，又得到一个新质数
19           /* 将该数的所有倍数均标记为非质数，从 i * i 开始是因为 i * 2,i * 3,...,i * (i-1)
在之前已经被标记过了 */
20           for(j = i * i; j < 10000001; j = j + i)
21           {
22               mark[j] = 1;
23           }
24       }
25       scanf(" % lld",&n);
26       //从得到的质数中遍历小于 n 的质数
27       for(i = 0; prime[i] < = n && i < primeSize; i ++ )
28       {
29           sum ++ ;   //质数个数 + 1
```

```
30        }
31        printf("%lld",sum);  //输出小于 n 的质数总数
32        return 0;
33    }
```

注意：数组 prime[10000000]和 mark[10000001]比较大，如果定义为局部数组可能分配不成功，所以应定义成全局数组。

题 5-11 解析　一维数组应用：火柴拼图

问题分析：题目输入为火柴个数 n，输出为用该数目火柴能够生成多少个等式。题目给出了火柴数 n 的范围，可以根据这个确定等式 $A+B=C$ 中 A,B 的范围，然后枚举所有可能的 A 和 B 组成的等式，并判断其所需要的火柴数是否刚好为 $n-4$。

实现要点：根据题意，用给定数目的火柴棍计算能拼成多少个等式，题目规定最多用到 24 根火柴，所以可以考虑用穷举法来解题。通过观察可知最多可以穷举到的式子是 $1111+1=1112$（实际上这个式子要用到 25 根）。所以从 0～1111 分别枚举 A,B 的每一个数，用一个函数 fun()来计算某个数需要多少根火柴（见代码第 12 和 13 行）。对于 fun()函数，把其参数 x 的每一位拆开，然后计算该位用到的火柴数，最后把所有位要用的火柴数加在一起。参考代码片段如下：

```
1     #include <stdio.h>
2     int fun(int);
3     int main()
4     {
5         int a,b,c,n,sum = 0;
6         scanf("%d",&n);          //火柴棍总个数
7         for(a = 0; a <= 1111; a++)  //开始枚举
8         {
9             for(b = 0; b <= 1111; b++)
10            {
11                c = a + b;
12                if(fun(a) + fun(b) + fun(c) == n - 4)   //去掉"+"和"="
13                    sum++;
14            }
15        }
16        printf("%d",sum);
17        return 0;
18    }
19    int fun(int x)   //用来计算一个数所需要的火柴棍总数
20    {
21        int num = 0;   //用来计数变量
22        int f[10] = {6,2,5,5,4,5,6,3,7,6}; //用一个数组记录 0～9 数字所需的火柴棍数
23        while(x / 10 != 0)    //x 除以 10 不等于 0 的话，说明该数至少有两位
24        {
25            num += f[x % 10];  //加上该位火柴棍数
```

```
26          x = x / 10;
27      }
28      num + = f[x];        //加上最高位的火柴棍数
29      return num;
30  }
```

题 5 – 12 解析　一维数组应用：约瑟夫问题

问题分析：题目可以抽象为给定一个一维数组，从指定位置开始循环访问数组（通过对数组长度取模来实现循环访问），每次的有效步长是 m，如果访问到的位置没有被访问过，则将该数从数组中推出，并输出，直到所有数组中的数都被推出为止。

实现要点：通过定义一个一维数组 vis[MAXN]，记录第 i 个人是否已经出队，vis[i] = 1 表示第 i 个人已经出队，vis[i] = 0 表示第 i 个人还未出队，即未曾被访问过；声明一个函数 int go(int x) 来寻找第 x 人的下一个未出队的人；所以主函数每次对当前位置调用 $m-1$ 次 go() 函数，然后将位置出队输出并在数组 vis 中标记，当有 n 人出队时程序结束。参考代码片段如下：

```
1   # define MAXN(110)
2   int n,s,m;
3   int vis[MAXN];
4   int go(int x)//找到下一个人
5   {
6       x = (x + 1) % n;
7       while(vis[x])//如果当前的这个人已经出队，那么继续寻找
8       {
9           x = (x + 1) % n;
10      }
11      return x;
12  }
13  int main()
14  {
15      int i,j;
16      scanf(" % d % d % d",&n,&s,&m);
17      -- s;//和数组下标从 0 开始对应
18      for(i = 0; i<n - 1; ++ i)
19      {
20          for(j = 1; j<m; ++ j)
21          {
22              s = go(s);
23          }//模拟进行 m 次报数
24          printf(" % d\n",s + 1);
25          vis[s] = 1;//标记已经出队
26          s = go(s);
27      }
28      printf(" % d\n",go(s) + 1);
```

```
29        return 0;
30    }
```

题 5-13 解析   一维数组应用：求蓄水量

问题分析：本题给出了每根柱子的高度，求总共能蓄水多少体积。可以将本问题分解为首先求每一根柱子上方的蓄水量。对于每一根柱子，要计算它的上方蓄水量需要先找到它左边最高的柱子和右边最高的柱子，取二者当中较矮者的高度值，计算其与自身的高度差。所以先把每根柱子左边最高的高度和右边最高的高度计算出来，取这两个值当中较小的一个，然后减去当前柱子的高度，即得到它上方的蓄水量。将每根柱子上方蓄水的体积加起来即为本题的解。解题时应注意，当只有两根柱子的时候是不能蓄水的，同时，边缘两根柱子的蓄水量是 0。

实现要点：为了使程序的结构更加清晰，编写了三个函数 leftmax（见代码第 2~12 行）、rightmax（见代码第 13~23 行）、less（见代码第 24~29 行）分别用于计算当前柱子左边最高的高度、右边最高的高度以及对二者进行值的大小比较（返回较小值）。然后用两个数组 l[]、r[] 表示第 i 个柱子左边最高的高度和右边最高的高度，注意如果某一边最高的高度比柱子本身要小的话，数组中储存的是本身的高度，因为这根柱子并不蓄水。参考代码片段如下：

```
1    long long a[1001],l[1001],r[1001];
2    long long leftmax(int n)          //计算当前柱子左边最高的高度
3    {
4        long long max = 0;
5        int i;

6        for(i = 0; i<n; i++)
7            if(a[i]>max)
8                max = a[i];
9        if(max<a[n]) //左边最高的柱子高度小于当前柱子本身的高度,则该柱子无法蓄水
10           return a[n];
11       return max;
12   }

13   long long rightmax(int n,int r)   //计算当前柱子右边最高的高度
14   {
15       long long max = 0;
16       int i;

17       for(i = n+1; i <= r; i++)
18           if(a[i]>max)
19               max = a[i];
20       if(max<a[n]) //右边最高的柱子高度小于当前柱子本身的高度,则该柱子无法蓄水
21           return a[n];
22       return max;
23   }
```

```
24    long long less(long long a,long long b)
25    {
26        if(a>b)
27            return b;
28        return a;
29    }
```

在主函数中,对每根柱子的蓄水量调用以上三个函数进行计算(见代码第 9~11 行),用循环对计算结果进行累加(见代码第 13~14 行),本题得以求解。求解时注意每根柱子的高度为不小于零的整数,由于计算过程中会因为不断累加,其结果可能超出 int 数据类型的表示范围,从而导致溢出,故需使用 long long int 类型存储计算结果。

```
1     int n,i;
2     long long high = 0;
3     scanf(" % d",&n);
4     for(i = 0; i<n; i ++ )
5         scanf(" % lld",&a[i]);
6     if(n < = 2)
7         printf("0\n");
8     else {
9         for(i = 1; i<n - 1; i ++ ) {
10            l[i] = leftmax(i);
11            r[i] = rightmax(i,n - 1);
12        }
13        for(i = 1; i<n - 1; i ++ )
14            high + = less(l[i],r[i]) - a[i];    //计算当前柱子上方蓄积的水体积
15        printf(" % lld\n",high);
16    }
```

题 5-14 解析　一维数组应用:元素查找

问题分析:本题主要考查数组查找。注意到数据范围是 $n,k \leqslant 100\,000$,如果使用线性查找的话,最坏情况下时间复杂度较高,将会超时,因此可考虑选取二分查找,每次查找的时间复杂度为 $O(\log n)$,这样就不会超时了。

实现要点:本问题可以抽象为给定一个一维数组,针对给定的数 m,算出 m 在数组中第一次出现的索引,循环进行这个操作 k 次,并每次输出数字在数组中的索引。注意数组是单调非降序的,输出出现的最大下标。于是对每个询问 m,使用二分查找来寻找到 m 出现的一个下标,并按这个下标开始往后推,寻找到 m 的最大下标,之后输出即可。参考代码片段如下:

```
1     #include <stdio.h>
2     int a[100005];
3     int getIndex(int m,int n);    //二分查找
4     int main()
```

```
5    {
6        int i,n,k,m;
7        scanf("%d%d",&n,&k);
8        for(i = 0; i<n; i++)
9            scanf("%d",&a[i]);
10       for(i = 0; i<k; i++)
11       {
12           scanf("%d",&m);
13           printf("%d\n",getIndex(m,n));
14       }
15       return 0;
16   }

17   int getIndex(int m,int n)
18   {
19       int index = -1,l = 0,r = n-1,mid;
20       while(l <= r)
21       {
22           mid = (l + r) / 2;
23           if(a[mid] == m)
24           {
25               index = mid;
26               break;
27           }
28           else if(a[mid]<m)
29               l = mid + 1;
30           else
31               r = mid - 1;
32       }
33       if(index ! = -1)
34           while(index<n-1 && a[index + 1] == a[index])  //实现查找最大下标
35               index++;
36       return index;
37   }
```

注意：本题数据范围较大，直接使用线性查找可能会超时。用二分法首先定位该元素 m，再从当前位置开始向后顺序比较会大大提高求解效率。

题 5-15 解析　一维数组应用：绝对值排序问题

问题分析：本题可以用多种排序方法实现，下面以冒泡排序为例进行说明。解题时，将经典的冒泡排序稍作修改即可，将判断条件中的直接比较大小换成比较绝对值的大小。注意两个相反数相邻的情况，这种情况是否交换次序取决于负数在前还是正数在前。题目要求负数在前，所以如果负数在前就不需要交换，如果正数在前就需要交换。

实现要点：函数 bub() 为修改过的冒泡排序算法，在判断条件中直接比较相邻两数的绝

对值大小,当相邻两个数为相反数时,无论正数负数哪个在前,都更新为负数在前。参考代码片段如下:

```
1    void bub(int[],int);
2    int main()
3    {
4        int n,i,a[102];

5        scanf("%d",&n);
6        for(i=0; i<n; i++)
7            scanf("%d",&a[i]);
8        bub(a,n);
9        for(i=0; i<n; i++)
10           printf("%d ",a[i]);
11       printf("\n");
12       return 0;
13   }

14   void bub(int a[],int n)//修改后的冒泡排序
15   {
16       int i,j,h;
17       for(i=0; i<n-1; i++)
18       {
19           for(j=0; j<n - i-1; j++)
20           {
21               if(abs(a[j])>abs(a[j+1]))//以绝对值作比较
22               {
23                   h=a[j];
24                   a[j]=a[j+1];
25                   a[j+1]=h;
26               }
27               if(abs(a[j])==abs(a[j+1]) && a[j]! =a[j+1])
28               {
29                   a[j]=0-abs(a[j]);//当相邻两个数为相反数时,更新为负数在前
30                   a[j+1]=abs(a[j]);
31               }
32           }
33       }
34   }
```

题 5-16　解析　一维数组应用:集合的加法

问题分析:本题主要考查循环、数组和排序。要计算给出的集合中有多少个元素是另外两个元素的和,由题意可知元素个数小于100,所以可以用枚举的方法解决此问题。枚举所有

种和的情况,并遍历整个集合,看是否有元素值等于这个和,如果有就让计数器＋1。在具体实现时,可以将所有元素进行排序,利用元素的有序性可以知道排序后两个数的和的位置一定在两个数的后面。

实现要点:数组 a 记录所有的数,数组 vk 标记这个数是否被标记过,ans 记录统计结果。main()函数首先对输入的数据进行选择排序,遍历排序后的数组,计算遍历到的数和其之后的数之和,若该和等于集合中的某个数且该数没有被标记过,则标记该数并且 ans 加 1。参考代码片段如下:

```
1   int a[101],ans,n,vk[101];  //a[]用来记录所有的数,vk[]用于标记这个数是否被计数过
2   int main()
3   {
4       int by;               //冒泡排序的中间变量
5       ans = 0;
6       scanf("%d",&n);
7       for(int i = 1; i<= n; i++)
8           scanf("%d",&a[i]);
9       for(int i = 1; i<= n; i++)    //先对数据进行排序
10      {
11          for(int j = i + 1; j<= n; j++)
12              if(a[i]>a[j])
13              {
14                  by = a[i];
15                  a[i] = a[j];
16                  a[j] = by;
17              }
18      }
19      for(int i = 1; i<n-1; i++)
20          for(int j = i+1; j<n; j++) //不能与 i 一样
21              for(int k = j+1; k <= n; k++) //相加之后的和比加数、被加数大
22                  if(a[i] + a[j] == a[k]&& vk[k] == 0) //0 代表未标记过
23                  {
24                      ans++;//计数加一
25                      vk[k] = 1;//标记该数
26                  }
27      printf("%d\n",ans);
28      return 0;
29  }
```

题 5-17 解析 一维数组应用:首个出现三次的字母

问题分析:本题在求解时需要记录字母及其出现的位置,可以采用散列表实现。当首次遇到出现三次的字母的时候就可以输出了,因此只须记录前两次出现的位置。可以使用两个一维数组 char_pos1、char_pos2 构造一个散列表,以字母在字母表中的顺序作为键值,同时再用一个数组 char_cnt 来记录当前字母出现了几次。

实现要点：分别用数组 char_pos1 和 char_pos2 记录字母前两次出现的位置,数组 char_cnt 记录字母出现的次数,键值均为字母在字母表中的顺序。遍历输入的字符串,若遍历到的字母已经出现两次,则输出该字母和字母三次出现的位置,结束程序;若遍历到的字母首次出现,则数组 char_cnt 对应值加 1,并将该字母出现的位置记录到数组 char_pos1 对应位置;若遍历到的字母第二次出现,则数组 char_cnt 对应值加 1,并将该字母出现的位置记录到数组 char_pos2 对应位置。参考代码片段如下:

```
1    #define MAX_N 30
2    int char_pos1[MAX_N],char_pos2[MAX_N];
3    int char_cnt[MAX_N];
4    int main()
5    {
6        int i,c;
7        for(i=1;(c=getchar())!=EOF;i++)
8        {
9            int pos=c-'a';//键值
10           if(char_cnt[pos]==2)//遍历到的字母已经出现两次
11           {
12               printf("%c %d %d %d\n",c,char_pos1[pos],char_pos2[pos],i);
13               return 0;
14           }
15           if(char_cnt[pos]++==0)//遍历到的字母首次出现
16           {
17               char_pos1[pos]=i;
18           }
19           else//遍历到的字母第二次出现
20           {
21               char_pos2[pos]=i;
22           }
23       }
24       return 0;
25   }
```

题 5-18 解析　一维数组应用：字符统计

问题分析：本题需要统计输入字符串中三种不同类型的字符,判断字符的不同类型,并对出现的次数进行累加,可以通过判断它的 ASCII 值的不同取值区间以及数组来实现。

实现要点：本题可编写三个函数分别完成以上三种不同字符的判断,使得主程序的逻辑更加清晰。参考代码片段如下,其中 isDigit()函数(见代码第 20～22 行)、isLower()函数(见代码第 23～25 行)、isUpper()函数(见代码第 26～28 行)分别完成判断当前字符是否为数字字符、小写字母、大写字母的功能。main()函数则完成字符的读入,判断其是哪一类字符,记录相应字符出现的次数并加 1。这里需要注意的是,统计次数的记录需要使用全局变量,所以这里定义了三个全局数组,记录不同类型字符的出现频次。引入头文件 ctype.h 可以直接使用 isDigit()、isUpper()、isLower()三个函数来判断当前字符是否为数字字符、大写字母、小写

字母,参考代码片段如下:

```
1    char c;
2    int digit[10] = {0},upper[26] = {0},lower[26] = {0};
3    int isDigit(char);
4    int isLower(char);
5    int isUpper(char);
6    int main()
7        {
8        int i;
9        while(scanf("%c",&c) ！= EOF) {
10            if(isDigit(c))
11                digit[c-'0']++;  //对应的数字出现的次数加 1
12            else if(isLower(c))
13                lower[c-'a']++;  //对应的小字字母出现的次数加 1
14            else if(isUpper(c))
15                upper[c-'A']++;  //对应的大写字母出现的次数加 1
16        }
17        for(i=0; i<9; i++)
18            printf("%d ",digit[i]);
19        printf("\n");
20        for(i=0; i<26; i++)
21            printf("%d ",lower[i]);
22        printf("\n");
23        for(i=0; i<26; i++)
24            printf("%d ",upper[i]);
25        return 0;
26    }
27    int isDigit(char c) {//判断字符是否为数字
28        return(c >= '0' && c <= '9');
29    }
30    int isLower(char c) {//判断字符是否为小写字母
31        return(c >= 'a' && c <= 'z');
32    }
33    int isUpper(char c) { //判断字符是否为大写字母
34        return(c >= 'A' && c <= 'z');
35    }
```

注意:本例中为了更加便利地记录统计结果,使用了三个全局变量数组记录每个字符出现的次数(见代码第 2 行),并且巧妙地利用了字符在数组中对应的位置,如小写字母'd'的出现次数就记录于小写字母频次数组 lower[26] 中下标为'd'-'a'的位置。每读入一个字符,判断其是哪一类字符,并将相应的数组元素值加 1(见代码第 14~16 行)。最终将数组的各元素进行顺序输出(见代码第 18~25 行)。

题 5-19 解析　字符串和字符数组:分子量

问题分析:本题主要考查字符串的处理。将输入的串从头到尾扫描,遇到字母,则进一步扫描后面的数字,同时注意多位数整数的情况,然后把数字字符串转换成整数,再乘以其原子质量,最后累加到分子量中即可。注意两个字母相邻的情况,直接累加原子质量到分子量。

实现要点: 字符串 s 记录输入的分子式。逐个遍历字符串 s,若遍历到的字符为字母"C""H""O"和"N"中的某位,且与该字符相邻的后一位字符也是字母,则记录对应的原子量,并将该原子量加到分子量 m,数量计数 sum 置零;若遍历到的字符为数字,则将字符转换为整数(这里注意多位整数的情况),并计算该整数与数字前原子量的乘积,将其加到分子量 m。参考代码片段如下:

```
1   char s[100];
2   int main()
3   {
4       int i,sum = 0;
5       double m = 0,n = 0;
6       scanf("%s",s);
7       for(i = 0; i<strlen(s); i++) {
8           if(isupper(s[i])) {
9               switch(s[i]) {
10                  case 'C': n = 12.01; break;
11                  case 'H': n = 1.008; break;
12                  case 'O': n = 16.00; break;
13                  case 'N': n = 14.01; break;
14              }
15              sum = 0;
16          }
17          while(isdigit(s[i])) {//如果字符是数字(可能是多位),则字符串转整数
18              sum = sum * 10 + s[i] - '0';
19              if(! isdigit(s[i + 1]))
20                  break;
21              i++;
22          }
23          if(sum ! = 0)
24              m + = sum * n;
25          else if(! isdigit(s[i + 1]))
26              m + = n;
27      }
28      printf("%.3f\n",m);
29      return 0;
30  }
```

题 5-20 解析　字符串和字符数组:字符统计

问题分析: 根据题意,从输入中一个一个字符地读入,如果为大小写字母,那么利用两个散列表,将字母在字母表中的顺序作为数组下标,数组内容为字母出现次数的统计。对于单词的统计,需要在每次读入一个非字母的字符时,判断前一个字符是否为字母,如果是,则可以认

定这是两个单词间的分隔符,即单词数量+1。

实现要点:数组 lower 和 upper 分别记录小写字母和大写字母出现的次数,数组下标为字母在字母表中的顺序;words 和 total 分别记录单词数和输入的字母总数;flag 为指示性变量。从输入中逐个字符读入,若输入为字母,则置 flag 为 1,并且对应数组的值加一,读入非字母时,flag 置 0。因此,每次只须判断 flag 的值即可完成单词的统计。参考代码片段如下:

```
1   #define N 26
2   int i,c,total = 0,lower[N] = {0},upper[N] = {0},flag = 0,words = 0;
3   while((c = getchar()) ! = EOF)
4   {
5       if(islower(c))
6       {
7           lower[c - 'a']++ ;
8           total ++ ;
9           flag = 1; //读入字母时设为 1
10      }
11      else if(isupper(c))
12      {
13          upper[c - 'A']++ ; //借助 ASCII 码来判断是第几个字母
14          total ++ ;
15          flag = 1;
16      }
17      else      //读入的字符并非字母时
18      {
19          if(flag)   //如果 flag 为 1,即上一个字符为字母
20          {
21              words ++ ;   //意味着出现了一个单词
22              flag = 0;   //将 flag 的值再次设为 0
23          }
24      }
25  }
26  for(i = 0; i<N; i ++ )
27  {
28      if(lower[i]! = 0)
29          printf(" % c: % d\n",i + 'a',lower[i]);
30  }
31  for(i = 0; i<N; i ++ )
32  {
33      if(upper[i]! = 0)
34          printf(" % c: % d\n",i + 'A',upper[i]);
35  }
36  printf(" % d\n % d",words,total);
```

题 5-21 解析　字符串和字符数组:字符串匹配

问题分析:本题主要考查字符串处理。基本思路是读入两个字符串,然后遍历第一个字

符串的每一个字符,并以当前字符为起点判断是否可以匹配第二个字符串,最后计数输出即可。

实现要点:假设 a 是字符串 A 的开始,b 是字符串 B 的长度,定义一个函数 count()判断从 a 到 $a+b-1$ 所对应的子串是否和字符串 B 相匹配,若匹配则返回值为 1,否则返回值为 0。main()函数中从字符串 A 的第 1 个字符开始,调用 count()函数统计字符串 A 中与字符串 B 相匹配的子串个数。注意:for 循环的结束条件为字符所在位置标 p$\leqslant$lenA$-$lenB(不大于两个字符串长度之差)。参考代码片段如下:

```
1    char A[102],B[102];
2    int count(int a,int b) //a 是 A 的开始,b 是 B 的长度
3    {
4        int m;
5        for(m=0; m<=b-1; m++)
6        {
7        if(A[a+m]!=B[m])
8            return 0;
9        }
10       return 1;
11   }

12   int main()
13   {
14       int lenA,lenB;
15       int p,num=0;

16       scanf("%s%s",A,B);
17       lenA=strlen(A);
18       lenB=strlen(B);
19       for(p=0; p<=lenA-lenB; p++)
20       {
21           num+=count(p,lenB);
22       }
23       printf("%d\n",num);
24   }
```

题 5-22 解析　字符串和字符数组:字符串纠错

问题分析:本题的求解可直接使用条件语句,对输入的字符串根据错位的规则逐一判断和还原。另外一种更加简便的方法是使用一维数组,构造一个数组将键盘上的每个数字、符号、字母按照键盘排列顺序记录和存储。由于对于每一个打错的字符,它前面的那个字符就是正确的字符,还原时只需要在存储好的数组中查找和搜索即可。

实现要点:数组 s 根据键盘排列顺序记录键盘上的每个数字、符号、字母。程序执行时,用 getchar()逐个读入字符,查找当前字符在 s 中的位置,若字符在常量数组 s 中,则输出 $s[i-1]$,否则输出该字符(即空格)。参考代码片段如下:

```
1    char s[] = "1234567890 - = QWERTYUIOP[]\\ASDFGHJKL;'ZXCVBNM,./";
2    int i,c;
3    while((c = getchar()) ! = EOF)
4    {
5        for(i=1; s[i]&& s[i]! = c; i++); //注意这里有个分号,查找到字符c在s中的位置
6        if(s[i])
7            putchar(s[i-1]);
8        else
9            putchar(c);//空格的输出
10   }
```

题 5 - 23 解析　字符串和字符数组：简写字符串的扩展

问题分析：由题意可知,不存在'－'在末尾的特殊情况,因此先读入字符串,然后从字符串的第一个字符开始对其进行遍历。当遇到'－'时,判断是否满足题目要求的扩展条件,若满足则进行扩展,若不满足则原样输出。每次输出从左边字母到'－'位置部分,然后再对下一个字符进行判断。例如,对于 a－c 先输出 ab,再接着判断。

实现要点：定义函数 judge() 用于判断两个字符是否为同类字符,定义函数 is_upper()、is_digit()、is_lower() 分别用于判断字符是否为大写字母、数字、小写字母。遍历输入的字符串,若遍历到的字符为字符串的最后一个字符,或者该字符的下一个字符不是"－",则输出该字符(见代码第 11 和 12 行);否则判断该字符和字符间隔"－"后面的字符是否为同类字符,若为同类,则按字母表顺序输出该字符到字符间隔"－"后面的字符之间的字符(例如,对于 a－f,则输出字符 a 到字符间隔"－"后面的字符 f 之间的字符,即 abcde。见代码第 15~20 行);否则按输入字符原样输出(见代码第 23 行)。参考代码片段如下：

```
1    #define N 110
2    int judge(char a,char b);
3    int main()
4    {
5        char in[N],t;
6        int i,len;
7        scanf("%s",in);
8        len = strlen(in);
9        for(i=0; i<len; ++i)
10       {
11           if(i==len-1 || in[i+1]! = '-')
12               printf("%c",in[i]);
13           else
14           {
15               if(in[i]<in[i+2]&& judge(in[i],in[i+2]))
16               {
17                   for(t=in[i]; t<in[i+2]; ++t)
18                       printf("%c",t);
19                   i++;
```

```
20              }
21          else
22          {
23              printf("%c-",in[i++]);
24          }
25      }
26  }
27  return 0;
28  }
29  int is_digit(char a)   //判断是否为数字
30  {
31      return a>='0' && a<='9';
32  }
33  int is_upper(char a) //判断是否为大写字母
34  {
35      return a>='A' && a<='Z';
36  }
37  int is_lower(char a) //判断是否为小写字母
38  {
39      return a>='a' && a<='z';
40  }
41  int judge(char a,char b)
42  {
43      if(is_digit(a) && is_digit(b))
44          return 1;
45      else if(is_lower(a) && is_lower(b))
46          return 1;
47      else if(is_upper(a) && is_upper(b))
48          return 1;
49      return 0;
50  }
```

题 5 - 24 解析　字符串和字符数组：Excel 表的列号

问题分析：本题输入 Excel 表格中显示的列号为未知长度的字符串，且列号如 A 为第 1 例，B 为第 2 例，D 为第 4 例等，该规律可由输入字母对应的 ASCII 值与字母 A 的 ASCII 值的差得出。本题所要计算的 Excel 表列号可以通过使用循环遍历字符串，并将对应的 ASCII 值迭代相加得到。

实现要点：循环过程可以由 for 循环实现（见代码第 6～9 行）。需要注意的是，由于题目中对输入的字符串长度未做约束，计算出的列号数值可能很大，为避免 int 整型溢出，需要使用 long long 整型保存和输出计算结果。参考代码片段如下：

```
1   char s[205];
2   long long number = 0;
3   int len;
```

```
4       scanf("%s",&s);
5       len = strlen(s);
6       for(int i = 0; i<len; i++)
7       {
8           number = number * 26 + s[i] - 'A' + 1;
9       }
10      printf("%lld\n",number);
```

题 5－25 解析　字符串和字符数组：求相反数

问题分析：本题推荐以下两种解法。

解法 1：求一个正数的相反数的补码的步骤如下：

① 将首位从 0 变成 1（得到相反数的原码）。

② 将后面几位取反（得到相反数的反码）。

③ 给数字＋1（得到相反数的补码）。

可以发现，前两步可以变为一步，即对整个数字取反后＋1 即得答案。要从负数得到相反数的补码只须将上面两步反过来。即：① 将数字－1；② 取反。注意在这个过程中会出现数字溢出（补码的负数能比正数多表示一个），因此还需要判断是否溢出。最大负整数的补码形如 10000，在减 1 后变成 01111，即首位变成了 0，所以可以利用这个特点把溢出判定放在①、②两步之间。

解法 2：以四位数为例，x＝1010 是一个补码，则～x＝0101，易知 x＋～x＝－1，这个规则对任何 x 都是成立的。所以有－x＝～x＋1 对任何补码均成立。

实现要点：对输入数据的每一位进行处理，可考虑使用一维字符数组储存输入数据。参考代码片段如下：

解法一：

```
1   char s[100005] = {0}; //数组较大,定义为全局
2   int len,i,j,flag;
3   while(scanf("%s",s)>0)
4   {
5       len = strlen(s);
6       if(s[0] == '0')//如果当前数是正数
7       {
8           for(i = 0; i<len; ++i) //取反
9           {
10              s[i] = s[i] == '0' ? '1' : '0';
11          }
12          //加 1
13          flag = 1; //用于判断是否需要进位
14          for(i = len-1; i>= 0; --i)
15          {
16              if(flag)
17              {
```

```
18            if(s[i] == '1')
19            {
20                s[i] = '0';
21                flag = 1;
22            }
23            else
24            {
25                s[i] = '1';
26                flag = 0;
27            }
28        }
29    }
30    printf("%s\n",s);
31    }
32    else //如果当前数是负数
33    {
34        //减 1
35        flag = 1; //用于判断是否需要借位
36        for(i = len - 1; i >= 0; -- i)
37        {
38            if(flag)
39            {
40                if(s[i] == '1')
41                {
42                    s[i] = '0';
43                    flag = 0;
44                }
45                else
46                {
47                    s[i] = '1';
48                    flag = 1;
49                }
50            }
51        }
52        if(s[0] == '0')//判断溢出
53        {
54            printf("Overflow! \n");
55        }
56        else
57        {
58            for(i = 0; i<len; ++ i)//取反
59            {
60                s[i] = s[i] == '0' ? '1' : '0';
61            }
62            printf("%s\n",s);
```

```
63              }
64          }
65  }
```

解法二：

```
1   char bin[100007];
2   int i,len,flag,count;
3   while(~scanf("%s",bin))
4   {
5       len = strlen(bin);
6       for(i = 0; i<len; i++)
7       {
8           bin[i] = bin[i] == '0' ? '1' : '0';
9       }
10      flag = 1; //用于判断是否需要进位
11      count = 0; //用于记录进位次数
12      for(i = len - 1; i>= 0; i--)
13      {
14          if(flag)
15          {
16              if(bin[i] == '1')
17              {
18                  bin[i] = '0';
19                  flag = 1;
20                  count++;
21              }
22              else
23              {
24                  bin[i] = '1';
25                  flag = 0;
26              }
27          }
28      }
29      if(count == len - 1)
30      {
31          printf("Overflow! \n");
32      }
33      else
34      {
35          printf("%s\n",bin);
36      }
37  }
```

题 5-26 解析 二维数组应用：卷积计算

问题分析： 本题主要考查采用循环结构进行遍历计算。只需要按照题目要求读入两个二维数组,分别代表被处理图片和卷积核并进行处理即可。

实现要点:需要用 4 重 for 循环进行处理,外部两重循环负责使卷积层矩形遍历整个图像,内部两重循环负责实现卷积计算工作,需要注意的是外部循环不要越界。下面的示例代码中,坐标系定义与计算机工程上的惯例相同,即以图片左上角为原点,向右为 x 正方向,向下为 y 正方向。参考代码片段如下:

```
1    void conv()
2    {
3        int i,j,x,y;
4        for(i = 0; i <= h - m; ++i)
5            for(j = 0; j <= w - m; ++j)
6                for(x = 0; x < m; ++x)
7                    for(y = 0; y < m; ++y)
8                        out[i][j] += img[i + y][j + x] * core[y][x];
9    }


10   int main()
11   {
12       int i,j;
13       scanf("%d %d %d",&h,&w,&m);
14       for(i = 0; i < h; i++)
15           for(j = 0; j < w; j++)
16               scanf("%d",&img[i][j]);
17       for(i = 0; i < m; i++)
18           for(j = 0; j < m; j++)
19               scanf("%d",&core[i][j]);
20       conv();
21       for(i = 0; i <= h - m; i++)
22       {
23           for(j = 0; j <= w - m; j++)
24               printf("%d ",out[i][j]);
25           printf("\n");
26       }
27       return 0;
28   }
```

题 5 - 27 解析　二维数组应用:蛇形矩阵

问题分析:用一个变量记录填数时的当前行进方向,根据行进方向定义横纵坐标的偏移量,再判断行进的过程中是否需要转向,当下一步坐标将超过边界或者已经填有数字时,进行转向,直到循环结束,矩阵填写完成。

实现要点:处理方向为向下、向左、向上、向右时,用两个数组分别记录横纵坐标的偏移量 dx,dy(见代码第 5~6 行),然后用 for 循环按顺序填写数字,同时判断是否超过边界或填有数字。参考代码片段如下:

```
1    #define MAXN(25)
2    int n,i,j,x = 0,y,dir = 0;
3    int mat[MAXN][MAXN] = {0};
4    //预处理方向为向下、向左、向上、向右时,横纵坐标的偏移量 dx,dy
5    int dx[4] = {1,0,-1,0};
6    int dy[4] = {0,-1,0,1};
7    scanf("%d",&n);
8    y = n-1;
9    for(i = 1; i <= n*n; ++i)
10   {
11       mat[x][y] = i;
12       //在 dir 方向上走一步
13       int nx = x + dx[dir];
14       int ny = y + dy[dir];
15       //如果当前坐标(dx,dy)超过了边界,或者是已经填了数字
16       if(! (0 <= nx && nx<n && 0 <= ny && ny<n) || mat[nx][ny])
17       {
18           //顺时针旋转一个方向,然后再走一步
19           dir = (dir + 1) % 4;
20           nx = x + dx[dir];
21           ny = y + dy[dir];
22       }
23       x = nx;
24       y = ny;
25   }
26   for(i = 0; i<n; ++i){
27       for(j = 0; j<n; ++j)
28           printf("%d",mat[i][j]);
29       printf("\n");
30   }
```

题 5-28 解析　二维数组应用：游戏教学

问题分析：这道题考查用二维数组解决复杂问题的能力。首先,岛的定义是被水包围,通过水平或者垂直连接相邻的陆地块。那么不妨遍历这个数组中的陆地,如果遇到陆地,就判断周围还有没有连接的陆地,有的话就继续前进,没有的话就终止。对于已经访问过的陆地,可以对它进行标记,以避免重复访问。如果采用递归的方式来描述以上过程,那么只需要计算不重复的完成递归调用的总数(见代码第 22 行),就是岛的总数。事实上,这个思想就是算法中常用的深度优先(dfs)搜索算法。

实现要点：首先使用二维数组存放地图,数组中元素的值为 0 或 1 分别代表海洋或陆地。按照深度优先的思想遍历该数组中的元素。解题时注意题目要求陆地四面环海,二维数组的上下左右四个边界在遍历时不能越界。参考代码片段如下：

```
1    #define MAX_N 25
2    char grid[MAX_N][MAX_N];
3    int row_n = 0,col_n = 0;
4    int visit(int x,int y) {
5        if(x<0 || y<0 || x> = col_n || y> = row_n || grid[y][x]！= '1')    //如果越界了或已被访问过
6            return 0;
7        grid[y][x] = 'v';
8        visit(x + 1,y);
9        visit(x - 1,y);
10       visit(x,y + 1);
11       visit(x,y - 1);
12       return 1;
13   }

14   int main() {
15       int total = 0,i,j,y,x;
16       scanf("% d% d",&row_n,&col_n);
17       for(i = 0; i<row_n; i + + )
18           for(j = 0; j<col_n; j + + )
19               scanf("% s",&grid[j][i]);
20       for(y = 0; y<row_n; y + + )
21           for(x = 0; x<col_n; x + + )
22               total + = visit(x,y);
23       printf("% d\n",total);
24   }
```

5.4　本章小结

　　本章主要学习数组的基本理论和用法。需要理解数组的结构、存储方式、与地址的关系，熟练掌握一维数组的用法、定义、初始化和访问等操作，其中字符串和字符数组是本章内容的重难点。应熟练掌握数组作为函数参数的使用，理解基本的算法思想，包括找质数、基本的查找和排序方法等。

第6章 指针及其应用

指针可以按地址对存储空间进行访问,属于 C 语言程序设计中的重点和难点内容。在学习时,首先要从语言层面理解指针的语法和语义,然后通过经典例题解析进一步理解指针在计算机内部的含义、表达方式及处理机制。在此基础上,结合重点内容进行编程实践训练,逐步加深对指针的理解和掌握。本章主要内容包括:指针的概念、用法、指针运算,指针向函数传递参数的过程和指针在函数中的使用;指针、数组与字符串之间的关系;字符串处理的基本方法及指针在字符串处理中的应用;二维数组的地址和行列指针;数组指针、指针数组以及函数指针。基本知识结构如图 6.1 所示。

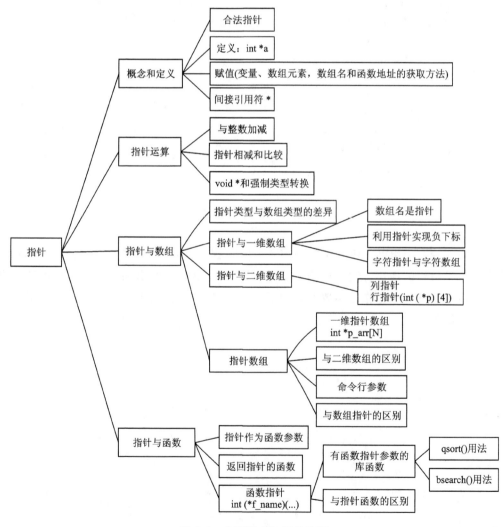

图 6.1　本章基本知识结构图

6.1　本章重难点回顾

6.1.1　指针与数组

指针与数组有着密切的关系。数组名可以视为一个指针,只是不能修改这个指针的指向,指针也可当作数组名使用。它们的区别在于数组名是常量,指针是变量。

对于一维数组元素,有以下几种等价引用形式:

a[i]　　　　数组＋下标;

＊(a+i)　　数组＋偏移量;

p[i]　　　　指针＋下标;

＊(p+i)　　指针＋偏移量。

对于二维数组来说,则需要区别行地址和列地址。例如,若 a 代表二维数组的首地址,即第 0 行的地址,则有以下写法需要读者注意区分:

a+i 即 &a[i],代表第 i 行的地址;

＊(a+i)即 a[i],代表第 i 行第 0 列的地址;

＊(a+i)+j 即 a[i]+j,代表第 i 行第 j 列的地址;

＊(＊(a+i)+j)即 a[i][j],代表第 i 行第 j 列的元素。

例如,对于整型数组 int a[3][4],图 6.2 所示为行地址、列地址以及数组元素的表示和引用方法。

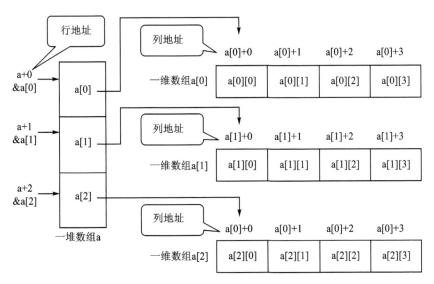

图 6.2　二维数组行、列地址及数组元素引用示意图

6.1.2　常见问题

(1)指针的强制类型转换和 void ＊。

当需要不同类型指针互相赋值时,可通过强制类型转换改变对指针类型的解释,以保证所需要的操作在语法上的正确性,即在指针前加上用圆括号括起来的目标类型。

C 语言定义了通用指针类型 void *。具有 void * 类型的指针可以赋给任何类型的指针变量,具有 void * 类型的指针变量可以接受和保存任意类型的指针。在 C 语言中可以使用标准库函数 malloc 初始化指针变量,动态为指针变量申请一块内存空间(以字节为单位)。

(2)指针类型与数组类型的差异。

数组是一片连续的存储空间,而指针只是一个保存地址的存储单元,在未正确赋值之前指针不指向任何合法的存储空间,因此不能通过它访问任何数据;通过数组所能访问的数据的数量在数组定义时就已确定,而通过指针所能访问的数据的数量取决于指针所指向的存储空间的性质和规模;数组名是一个常量而不是一个变量,是与一片固定的存储空间相关联的。可以对数组元素赋值而不可以对数组名本身赋值。而指针是一个变量,可以根据需要进行赋值,从而指向任何合法的存储空间。

对于字符串常量,可以把它看成一个无名字符数组,C 编译程序会自动为它分配一个空间来存放这个常量。字符串常量的值是指向这个无名数组的第一个字符的指针,其类型是字符指针。所以 printf("a constant character string\n");传递给函数的是字符串第一个字符的指针。结合以上分析,可以很容易判断以下用法的正误:

```
1    char  * char_ptr,word[20];
2    char_ptr = "point to me";
3    word = "you can't do this";
```

以上例子中,第 1 行首先定义了一个字符型指针变量 char_ptr 和一个字符型数组 word;第 2 行的用法是正确的,赋值操作把字符串常量第一个字符指针赋给变量;第 3 行的用法是错误的,word 是一个数组名,为一个常量,可以理解为一片连续存储空间的首地址,赋值操作试图把它赋值为另一个常量(字符串常量的第一个字符指针),这样的操作是不合法的。若想达到把一个字符串赋值到一个字符数组的目的,可以使用字符串操作的库函数 strcpy (word,"...")。

6.2 精编实训题集

题 6-1 作为函数参数的指针:成绩统计

请设计一个函数,以指针变量作为函数的参数,从标准输入上读入数量不定的成绩。统计全班成绩的总数量、90 分及 90 分以上成绩的个数、60 分及 60 分以上成绩的个数和全班成绩的平均分,并返回这 4 个数给主程序,编写主程序调用此函数完成统计功能。

输入:一行由非负整数组成的数量不定(至少为 1)的数据,以空格分隔,表示班级同学的成绩。

输出:共输出 4 行数据,第一行为全班成绩的总数量;第二行为 90 分及 90 分以上成绩的个数;第三行为 60 分及 60 分以上成绩的个数;第四行为全班成绩的平均分(保留 2 位小数)。

				6
输入样例	10 20 30 60 90 100	输出样例		2
				3
				51.67

题 6 - 2　作为函数参数的指针：矩阵变换

给定一个矩阵,请通过编程将其按照以下约定的操作方式变换后输出。

输入:第一行 3 个正整数 n,m 和 q 分别表示矩阵 A 的行数、列数和操作数量;接下来 n 行,每行 m 个数,第 i 行第 j 个数为 $A_{i,j}(0 \leqslant A_{i,j} \leqslant 10^5)$;接下来 q 行,每行输入形式为以下三种之一(输入时以数字 1,2,3 分别代表每种操作):

① xlr 表示把第 x 行的第 l 到 r 个数翻转;

② ylr 表示把第 y 列的第 l 到 r 个数翻转;

③ $x1,y1,x2,y2,x3,y3$,将矩阵 A 中 $(x1,y1),(x2,y2),(x3,y3)$ 这三个位置上的数按从小到大排序和变换位置。设这三个位置上的数从小到大排序后为 $a,b,c,a \leqslant b \leqslant c$,这个操作完成后,应有 $A_{x1,y1}=a,A_{x2,y2}=b,A_{x3,y3}=c$。

其中,$1 \leqslant n,m,q \leqslant 10^3,n*m \geqslant 3,x \geqslant 1,xi \leqslant n,y \geqslant 1,yi \leqslant m$。保证操作①有 $1 \leqslant l \leqslant r \leqslant m$,保证操作②有 $1 \leqslant l \leqslant r \leqslant n$,保证操作③的三个位置互不相同。

输出:输出 n 行,每行 m 个数表示最终 q 次操作结束后的矩阵。

输入样例	2 2 3 1 2 3 4 1 1 1 2 2 2 1 2 3 1 1 1 2 2 1	输出样例	2 3 4 1
样例说明	对一个 2 行 2 列的矩阵 $\begin{bmatrix} 1 & 2 \\ 3 & 4 \end{bmatrix}$ 进行三步操作。第一步操作将第 1 行的第 1~2 个数翻转,则输入样例变为 $\begin{bmatrix} 2 & 1 \\ 3 & 4 \end{bmatrix}$;第二步操作将第 2 列第 1~2 个数翻转,则输入样例变为 $\begin{bmatrix} 2 & 4 \\ 3 & 1 \end{bmatrix}$;第三步操作将三个位置上的数 2,4,3 按从小到大排序后为 2,3,4。所以操作之后 $A_{1,1}=2,A_{1,2}=3,A_{2,1}=4$,输出 $\begin{bmatrix} 2 & 3 \\ 4 & 1 \end{bmatrix}$。		

题 6-3 作为函数参数的指针：整数求和

输入 5 个正整数，从 5 个整数中任意选出 4 个整数相加，编程找出 4 个整数和的最大值和最小值。

输入：一行，5 个正整数，所有正整数均不超过 10^9。

输出：一行，两个数，以空格分隔，分别表示任意选出的 4 个整数和的最小值和最大值。

输入样例	1 2 3 4 5	输出样例	10 14

题 6-4 作为函数参数的指针：高斯消元法解方程

给定一个方程个数和未知数个数相等的非齐次线性方程组，其所有方程中的系数均位于区间 $[-1\,000,1\,000]$。如果方程组有唯一解则输出此解，否则输出字符串 No Solution!

输入：一组数据，多行输入。第一行一个整数 n，代表方程个数和未知数个数，其中 $1\leqslant n\leqslant 100$；接下来 n 行每行 $n+1$ 个整数，分别代表每一个方程的系数。例如，第 i 行（首行是第 1 行）的 $n+1$ 个整数分别是 $a_{i1},a_{i2},a_{i3},\cdots,a_{in},b_i$，则其代表的方程是 $a_{i1}x_1+a_{i2}x_2+a_{i3}x_3+\cdots+a_{in}x_n=b_i$。

输出：一行 n 个由单个空格隔开的保留至两位小数（四舍五入）的数据分别代表 $x_1,x_2,\cdots,x_n$ 的唯一解。如果没有唯一解则输出字符串 No Solution!

输入样例	3 1 2 3 4 1 4 9 10 1 1 1 1	输出样例	−2.00 3.00 0.00

题 6-5 作为函数参数的指针：单词排序

在 ASCII 码表中，'a' 的索引小于 'z'，'A' 的索引小于 'Z'，并且大写字母的索引小于任意小写字母的索引。但是在哈希表中，各个字符的索引值可能就是动态变化的了。假设现在提供一张所有大小写字母对应的哈希索引表，请以该表为依据进行编程，对输入的单词进行排序。单词为只包含大小写字母的字符串，排序时要求对两个单词逐字符比较哈希索引值，索引值较小的排在前面，若当前位置两个字符索引值相同，则继续按同样的方法比较下一字符。

输入：第一行为 52 个 int 型整数，以空格分隔，从左到右依次对应 'a'～'z''A'～'Z' 的哈希索引值，不保证它们各不相同；接下来一行为输入的总单词数 n；接下来 $n(n\in[1,500])$ 行，每行一个单词，保证单词长度不超过 1 024 个字符。

输出：n 行，每行一个单词，顺序为按照哈希索引表排序后的顺序；如果两个单词中每个字符的哈希索引值完全一致，请按照输入顺序输出。

输入样例	一1 2 3 4 5 6 7 8 9 10 11 12 13 14 15 16 17 18 19 20 21 22 23 24 25 26 27 28 29 30 31 32 33 34 35 36 37 38 39 40 41 42 43 44 45 46 47 48 49 50 51 52 4 abbcc aaaAaa aaaA abbBbb	输出样例	aaaA aaaAaa abbcc abbBbb

题 6-6　指向一维数组的指针：字符串替换

从标准输入读入数据，每行中最多包含一个字符串"_xy_"，且除了字符串"_xy_"外，输入数据中不包括下划线字符，请将输入行中的"_xy_"替换为"_ab_"，在标准输出上输出替换后的结果；若没有满足条件的替换，则输出原字符串。

输入： 多组数据，每组数据为一行字符串，要求如题目描述。

输出： 替换后的字符串。

输入样例	xy_xy_2018-4-27	输出样例	xy_ab_2018-4-27

题 6-7　指向一维数组的指针：子串逆置

从标准输入上读入以空格分隔的字符串 s 和 t，将 s 中与 t 匹配的所有子串逆置后再输出 s，当 s 中无与 t 匹配的子串时直接输出字符串 s。已经匹配的字符不会再重复匹配。

输入： 以空格分隔的字符串 s 和 t。其中 s,t 长度小于 100。

输出： 逆置后的字符串 s。

输入样例	helloworld wor	输出样例	hellorowld

题 6-8　指向一维数组的指针：数的互逆

定义一个数的逆如下：两个数互为逆，当且仅当它们的绝对值位数相同且各位对应数字之和为 9。例如 11 和 -88 互为逆，999 和 000 互为逆，但 999 和 0 不互为逆。现在给出多组数对，请通过编程判断每对数是否互为逆。如果是，请输出它们的和；如果不是，请输出"illegal operation"。

输入： 第一行为数据组数 T，$T \in [1,100]$；接下来 T 行，每行两个数 a 和 b（$|a|,|b| \in [0,10^{100}]$）以一个空格分隔。a,b 可能有前导 0，仅负数带符号。

输出：对于每组数据，如果 a 和 b 互为逆，输出它们的和（无前导 0，仅负数有符号）；否则输出"illegal operation"。

输入样例	5 01 98 −100 899 233 332 00000000000001 −99999999999998 −45454 54545	输出样例	99 799 illegal operation −99999999999997 9091

题 6-9 指针数组的应用：计算并输出月份

计算并输出非闰年的第 x 天（从当年 1 月 1 日开始算起）所在月份的英文单词。

输入：一个整数 x（$1 \leqslant x \leqslant 365$）。

输出：x 所在月份对应的英文单词 "January""February""March""April""May""June""July""August""September""October""November""December"。

输入样例 1	1	输出样例 1	January
输入样例 2	60	输出样例 2	March
输入样例 3	90	输出样例 3	March

题 6-10 指针数组的应用：单词集合

有两个以花括号定义的只包含小写字母的英文单词的集合，每个集合中单词的数量不超过 100，每个单词的长度不超过 36 个字符，单词间以逗号分隔，单词前后可能有空白符。如果这两个集合中有相同的单词，则将相同的单词字符串按升序输出，单词之间以一个空格符分隔；否则，输出"NONE"。注意多个相同单词字符只输出一次。

输入：一组输入，包含两个集合，每个集合中有若干英文单词，每个单词集合以一对花括号标识，单词中只会出现小写字母。

输出：依题目要求按序输出。

输入样例 1	{an,apple,tree} {a,red,apple}	输出样例 1	apple
输入样例 2	{as,pos,tag,mid,less} {tag,as,less,two,three}	输出样例 2	as less tag

题 6-11　指针数组的应用：更遥远的星期几

已知当前是 X 月 Y 日星期 Z，求现在开始的下一个 A 月份第 B 天是周几。请用指针数组完成。

输入：5 个整数 X，Y，Z，A，B，表示 X 月 Y 日星期 Z，求 A 月 B 日为星期几（$Z=7$ 表示周日，假定 2 月一直为 28 天）。

输出：一行表示星期几的英文单词字符串，要求首字母大写。

输入样例	4 27 5 5 1	输出样例	Tuesday

题 6-12　指针数组的应用：输出文章内容

将英文文章每一行按照字符串长度排序后，按照从最长到最短的顺序逐行输出。

输入：多行字符串，总行数小于 1 000，每行只有大小写字母且字符个数小于 200。保证每行首字母均不同。注意本题区分大小写。

输出：按照每行字符串的长度，从长到短依次输出每行。如果两行长度相同，则按首字母的字母表顺序从小到大输出。若遇到长度相同的、以同一个字母不同大小写开头的句子，则先输出大写字母开头的句子。

输入样例	Abcdefg hijklmn opqrstuvwxyz	输出样例	opqrstuvwxyz Abcdefg hijklmn

题 6-13　函数指针实例：有趣的排序问题

C 语言的库函数中包含有一个能实现快速排序算法的函数 qsort()，该函数通过指针移动的方式，根据给定的比较条件进行快速排序。请利用该函数完成以下的排序任务：输入一个正整数 n，然后输入 n 个整数，对这 n 个整数使用 qsort() 函数从小到大排序后，首先输出中间的那个数，若 n 为偶数则输出中间两个数的平均数，然后输出排序后排在数列第 5 个位置的数。

输入：两行。第一行为一个正整数 n（$5 \leqslant n < 1\ 000$）；第二行输入 n 个整数。

输出：对于该组输入，共输出两行。第一行，若 n 为奇数，则输出这 n 个整数排序后中间的那个整数，若 n 为偶数，则输出排序后中间两个数的平均数（保留两位小数）；第二行，输出从小到大排序后排在数列第 5 位的整数（数列位置从 1 开始记）。

输入样例	12 10 90 −80 −40 20 70 0 100 25 −45 30 50	输出样例	22.50 10

题 6-14　函数指针实例：求众数

输入 n 个数，输出众数出现的次数。

输入：第一行正整数 n，$n \leqslant 10^3$；第二行包含 n 个整数，所有输入的数其绝对值不超过 1 000。

输出：一行，以上 n 个数中众数的出现次数。若有多个众数，输出其中一个的出现次数即可。

输入样例	4 1 1 2 2	输出样例	2

题 6-15 函数指针实例：比赛排行榜

助教统计全体学生上机成绩，已获取到了同学们在某次练习赛中的得分和罚时，现通过编程完成若干个问题的查询，每个查询的问题都是以下形式：排名第 x 名的同学学号是多少？排名按照得分为第一关键字排序，得分相同的情况下罚时少的同学排名更靠前，罚时也相同的情况下学号小的同学排名更靠前。

输入：第一行为数据组数 T。每组数据的第一行为一个正整数 n，代表学生人数。接下来 n 行，按学号顺序输入每一名学生的得分和罚时，每行两个正整数 s,t，其中 s 代表得分，t 代表罚时。这 n 名学生的学号依次为 $1,2,\cdots,n$；接下来一行为一个整数 q，代表问题的个数。余下 q 行每行一个整数 x，代表询问的名次。规定 $T \leqslant 10$，$n \leqslant 1\,000$，$s \leqslant 1\,000$，$t \leqslant 10\,000$，$q \leqslant 10$，$x \leqslant n$。

输出：对于每个查询问题，输出一行结果，该结果为一个整数，表示这名学生的学号。

输入样例	2 2 100 100 200 200 1 1 2 100 100 100 200 1 2	输出样例	2 2
样例说明	样例中输入数组共包含 2 组。第一组数据包含 2 名学生的成绩，学号为 1 的学生成绩为 <100,100>，学号为 2 的学生成绩为 <200,200>。对于第一组数据，查询排名第 1 的学生的学号，即输出 1；第二组数据同样包含 2 名学生的成绩，学号为 1 的学生成绩为 <100,100>，学号为 2 的学生成绩为 <100,200>，查询排名第 2 的学生学号，依据排序规则，得分相同则罚时少的同学排名靠前，则对于第二组数据输出结果为 2。		

题 6－16　函数指针实例：田忌赛马

你和对手赛马,双方都有 n 匹马,每匹马的能力数值为 $a_i(0 \leqslant a_i \leqslant 1\,000)$,由你来规定双方马匹出场的顺序,请编程求出你最多能赢多少场。对局时你的马能力值大于对方的算赢,相等则算平手。

输入：第一行,一个整数 $n(1 \leqslant n \leqslant 100)$;接下来的两行,每行 n 个整数 $a_1,a_2,\cdots,a_n$ 代表每匹马的能力值,用空格分隔;第二行是你的马的能力指数;第三行则是对手的马的能力指数。

输出：一行,一个整数,表示你最多胜利的场次。

输入样例	5 5 4 3 2 1 1 2 3 4 5	输出样例	4
样例说明	输入第 2、3 行表示你和对手的马匹能力值,则最优的策略是(5 对 4,4 对 3,3 对 2,2 对 1,1 对 5),此时你赢 4 场。		

题 6－17　函数指针实例：求凸多边形面积

已知平面内一个凸多边形的各顶点坐标,请编程求出它的面积。

输入：第一行为 $n(3 \leqslant n \leqslant 15)$,表示点的个数;接下来 n 行,每行两个整数 x,y 作为点的横纵坐标$(0 \leqslant x,y \leqslant 10\,000)$。

输出：输出一个浮点数,表示该多边形的面积。该浮点数保留两位小数。

输入样例	4 3　3 3　0 1　0 1　2	输出样例	5.00

6.3　题集解析及参考程序

题 6－1 解析　作为函数参数的指针：成绩统计

问题分析：题目要求同时返回 4 个值给主程序,若使用全局变量存储题目要求计算的 4 个值,则可以通过编写成绩统计函数修改全局变量的值,以获得正确的计算结果。若不使用全局变量,这道题的求解则需要我们对函数及指针的定义进行理解,由于函数最多只有一个返回值,传进来的参数也只在函数内部改变,函数结束后,其值不会改变。但是运用指针可以直接改变传进来的参数,非常方便,故本题采用指针求解。

实现要点：定义 4 个指针 np，ap，bp，pp 分别指向代表目标输出值的 4 个变量，即全班成绩的总数量 n、90 分及 90 分以上成绩的个数 a、60 分及 60 分以上成绩的个数 b 和全班成绩的平均分 p，将这些指针作为实参提供给成绩统计函数 data_stat()（见代码第 5 行），完成目标值的统计，函数调用之后变量 n，a，b，p 已获得计算结果的更新。在 main() 函数中直接将 n，a，b，p 输出即可。参考代码片段如下：

```
1    void data_stat(int * ,int * ,int * ,float * );
2    int main(){
3        int n = 0,a = 0,b = 0, * np = &n, * ap = &a, * bp = &b;
4        float p = 0.0, * pp = &p;

5        data_stat(np,ap,bp,pp);//指针变量作为函数的实参
6        printf(" % d\n % d\n % d\n % .2f",n,a,b,p);
7        return 0;
8    }
```

成绩统计函数 data_stat() 依题意采用多组数据输入的基本框架，用条件语句完成数据的分数区间判断、累加求和。注意对指针指向的变量值进行加 1 操作需要使用形如 (* p_num)++ 的方式，先引用再累加变量的值。

```
9     void data_stat(int * p_num,int * p_90,int * p_60,float * avg){
10        int v,sum = 0;

11        while(scanf(" % d",&v) ! = EOF){
12            ( * p_num) ++ ;
13            if((v>90) ||(v == 90))
14                ( * p_90) ++ ;
15            if((v>60) ||(v == 60))
16                ( * p_60) ++ ;
17            sum = sum + v;
18        }
19        * avg = (float)sum /( * p_num);
20    }
```

注意：类似地，此前学的数组参数在函数中也有相同的性质，这种用法也是基于指针的原理，因为数组名可以视为一个指向数组首地址的指针。

题 6-2 解析　作为函数参数的指针：矩阵变换

问题分析：本题目旨在考查对于数组的应用。题目本身难度不大，但要处理的变量比较多。在解题的过程中，"翻转"和"排序"的实现都涉及数组元素的交换，若能将交换的功能定义为函数，将减少代码量，且使得逻辑更加清晰。对于不同操作，可以通过条件语句实现不同操作类型的处理。

实现要点：首先定义函数 swap() 用来交换两个数据。swap() 函数的形参为两个指向整型变量的指针 int * a 和 int * b，通过将指针作为函数的参数，在 main() 函数中调用该函数，能

够使得作为实参的指针变量所指向的变量值实际发生交换。

```
1    void swap(int * a,int * b)//两个指向整型变量的指针为参数
2    {
3        int t = * a;
4        * a = * b;
5        * b = t;
6    }
```

定义变量 n,m,q 接收输入的矩阵行数、列数以及操作总数量,根据题目要求的数据范围定义二维整型数组 A,为防止可能的一些操作导致数组越界,在定义数组时要略大于最大范围。注意:3 种操作命令中均涉及对数组元素序列的变换,因此还需要定义 3 个一维数组 x,y,c,用来存放中间计算结果。

```
7    int n,m,q;
8    int A[1110][1110];
9    int x[10],y[10],c[10];
```

对于每次操作,首先取得输入的操作类型 tp(见代码第 12 行)。

对于第 3 种操作(tp==3),首先需要用循环依次读入 3 个元素的位置,然后将对应位置的元素存放在临时数组 c 中(见代码第 15～19 行),然后调用 swap()函数完成数组 c 中元素的排序(见代码第 20～23 行),并将排序后的结果依次存放于数组 A 交换前的位置(见代码第 24～25 行)。

对于第 1 种操作(tp==1)和第 2 种操作(tp==2),依次取得当前的行号或列号,记为 pos,取得翻转的起始位置 l 和结束位置 r,并通过调用 swap()函数完成元素的交换(见代码第 32～37 行、第 41～46 行)。需要注意行列翻转时的不同,即被交换元素下标存在不同的配对关系,如行翻转时,应是下标为(pos,l)的元素与下标为(pos,r)的元素进行交换,同理可完成按列翻转。参考代码片段如下:

```
10    while(q--)
11        {
12            scanf("%d",&tp);
13            if(tp==3)
14            {
15                for(i=1; i<=3; ++i)
16                {
17                    scanf("%d%d",&x[i],&y[i]);
18                    c[i]=A[x[i]][y[i]];
19                }
20                for(i=1; i<3; ++i)//排序
21                    for(j=i+1; j<=3; ++j)
22                        if(c[i]>c[j])
23                            swap(&c[i],&c[j]);
24                for(i=1; i<=3; ++i)//排序之后按顺序储存
25                    A[x[i]][y[i]]=c[i];
26            }
27            else
```

```
28              {
29                  scanf("%d%d%d",&pos,&l,&r);
30                  if(tp==1)
31                  {
32                      while(l<r)//行交换
33                      {
34                          swap(&A[pos][l],&A[pos][r]);
35                          ++l;
36                          --r;
37                      }
38                  }
39                  else
40                  {
41                      while(l<r)//列交换
42                      {
43                          swap(&A[l][pos],&A[r][pos]);
44                          ++l;
45                          --r;
46                      }
47                  }
48              }
49          }
```

题 6-3 解析　作为函数参数的指针：整数求和

问题分析：求 5 个数中任意 4 个数和的最大值与最小值，可以考虑先将 5 个数的和求出，然后找到这 5 个数中的最大值，将总和减去最大值，得出的就是任意 4 个数和的最小值；同理，找到这 5 个数中的最小值，将总和减去最小值，得出的就是任意 4 个数和的最大值。因此，本题可转化为求和及计算最大最小值的问题。

实现要点：为了使代码的功能逻辑更加清晰，这里定义了一个 minMaxSum() 函数完成任意 4 个数和的最大最小值计算，将指针作为该函数的参数。这样做的好处是使得本程序具备较好的扩展性。例如，由于元素个数较少，在求最大最小值时，本题采用直接遍历数组，取得当前遍历的最大或最小值（见代码第 10～19 行）。如果元素个数数量级增加，可以从程序的时间复杂度上改进最大或最小值的寻找方法，如使用分治等策略进行优化。

```
1   void miniMaxSum(int * arr,long long * max_p,long long * min_p)
2   {
3       int i;
4       long long sum = 0;
5       long long min = sum,max = 0;

6       for(i = 0; i<5; i++)
7       {
8           sum += *(arr + i);
```

```
9            }
10       for(i = 0; i<5; i++)
11       {
12           if(arr[i]<min)
13           {
14               min = arr[i];
15           }
16           if(arr[i]>max)
17           {
18               max = arr[i];
19           }
20       }
21       * max_p = sum - min;
22       * min_p = sum - max;
23   }
```

将输入的 5 个数存储于一维数组 arr 中,变量 sum_max,sum_min 分别代表要求的最大值和最小值,考虑到数据范围,由于 int 型数据进行求和之后若继续用 int 存储可能出现数据的溢出,故声明两个 long long 型指针指向待求的最大、最小值,并将以上指针型变量作为 miniMaxSum()函数的实参(见代码第 34 行),在函数体执行完毕之后,作为实参的指针变量所指向的变量值也发生了预期的改变,将计算出的值输出,本题即得到求解。

```
24   int main()
25   {
26       int i;
27       long long sum_max,sum_min;
28       long long * max_p = &sum_max, * min_p = &sum_min;
29       int * arr = malloc(5 * sizeof(int));
30       for(i = 0; i<5; i++)
31       {
32           scanf("% d",arr + i);
33       }
34       miniMaxSum(arr,max_p,min_p);
35       printf("% lld % lld\n",sum_min,sum_max);
36       return 0;
37   }
```

题 6-4 解析　作为函数参数的指针:高斯消元法解方程

问题分析:高斯消元法解方程可根据高等代数所学知识一步步模拟即可。本题采用列主元消元法对线性方程组 $AX = b$ 求解。具体求解步骤如下(以输入样例中 3 阶非齐次线性方程组为例):

① 第 1 步消元:在增广矩阵(A,b)第 1 列中找到绝对值最大的元素,将其所在的行与第 1 行交换,再对(A,b)做初等行变换,使得原方程组的第 1 列元素除了第一行以外,其他全变为 0;

② 第 2 步消元：从第 2 行开始，在增广矩阵(A,b)第 2 列中找到绝对值最大的元素，将其所在的行与第 2 行交换，再对(A,b)做初等行变换，使得原方程组变为

$$\begin{bmatrix} * & * & * \\ 0 & * & * \\ 0 & 0 & * \end{bmatrix} \begin{bmatrix} x_1 \\ x_2 \\ x_3 \end{bmatrix} = \begin{bmatrix} * \\ * \\ * \end{bmatrix}$$

③ 按照$x_3 \rightarrow x_2 \rightarrow x_1$的顺序回代求出方程组的解。

实现要点： 由于在列主元消元求解的过程中，需要进行行之间的交换，故首先定义了用于行交换的函数 swap()，该函数的参数为指向两个 double 型变量的指针，这样做的好处是在调用该函数时，能够获得 double 型数组的行地址，从而通过指针（即地址）的交换完成消元过程中的行互换。

```
1    void swap(double * a,double * b)
2    {
3        double * t = a;
4        a = b;
5        b = t;
6    }
```

定义一个函数 Gauss()完成高斯消元的过程。这里将数组作为形式参数，主函数中调用 Gauss()时传入数组名即可。需要注意的是，如果使用数组名作为函数参数，那么数组名会立刻转换为指向该数组第一个元素的指针，这是因为 C 语言会自动将作为参数的数组声明转换为相应的指针声明，即作为参数的数组都是被当作指针来处理，例如 double x[110]的参数是没有任何意义的，编译器会将其当作 double * x 来进行处理。将以上结论推及到二维数组的情况，例如 Gauss()函数的第一个参数为一个二维数组，如果将二维数组作为参数传递给函数，那么在函数的参数声明中必须指明数组的列数，数组的行数则可以指定也可以不指定，它指向由行向量构成的一维数组。此外，函数定义时，还需要提供代表数据个数的形参。

因此，本题中二维数组作为 Gauss()函数参数的正确写法如下所示（见代码第 7 行），Gauss()函数的函数头部分也可以写成 int Gauss(double(* a)[110],double * x,int n)，同样能完成以数组类型作为实参的函数调用功能。将 Gauss()函数的函数体按照问题分析中的步骤列主元消元求解，对线性方程组系数与常数项组成的矩阵进行行列式变换，经过消元后得到方程的解。参考代码片段如下：

```
7    int Gauss(double( * a)[110],double * x,int n)
8    {
9        int i,j,k,col,max_r;
10       for(k = 0,col = 0; k<n && col<n; k ++ ,col ++ )
11       {
12           max_r = k;
13           for(i = k + 1; i<n; i ++ ) //找到从当前第 k 行开始,第 col 列绝对值最大的行
14               if(fabs(a[i][col])>fabs(a[max_r][col]))
15                   max_r = i;
16           if(fabs(a[max_r][col])<eps)
17               return 0;
```

```
18          if(k ! = max_r)//
19          {
20              swap(a[k],a[max_r]); //完成线性方程组系数矩阵中行的交换
21              swap(&x[k],&x[max_r]);//完成线性方程组中常数项的交换
22          }
23          x[k]/ = a[k][col]; //将第 k 行化为最简形式
24          for(j = col + 1; j<n; j ++ )
25              a[k][j]/ = a[k][col];
26          a[k][col] = 1;
27          for(i = 0; i<n; i ++ ) //对增广矩阵进行初等变换
28              if(i ! = k)
29              {
30                  x[i] - = x[k] * a[i][col];
31                  for(j = col + 1; j<n; j ++ )
32                      a[i][j] - = a[k][j] * a[i][col];
33                  a[i][col] = 0;
34              }
35      }
36      return 0;
37  }
```

主函数则完成对输入输出的处理,将方程系数与常数项分别以二维数组 a 和一维数组 x 存放,将 a,x 以及方程个数 *n* 作为实参,调用 Gauss()函数,用条件语句分别处理方程有解和无解的情况。

```
38  int main()
39  {
40      double a[110][110],x[110];
41      int i,j,;
42      scanf(" % d",&n);
43      for(i = 0; i<n; i ++ )
44      {
45          for(j = 0; j<n; j ++ )
46          {
47              scanf(" % lf",&a[i][j]);
48          }
49          scanf(" % lf",&x[i]);
50      }
51      if(! Gauss(a,x,n))
52          printf("No Solution!");
53      else
54      {
55          for(i = 0; i<n; i ++ )
56              printf(" % .2f ",x[i]);
57      }
58      printf("\n");
```

```
59          return 0;
60    }
```

题 6-5 解析　作为函数参数的指针：单词排序

问题分析：本题的核心是将数据按关键字进行排序，排序所依据的第一个关键字是字符在输入哈希表中的索引值。第二个关键字是输入的顺序，即当索引值相同的时候，根据输入顺序排列。注意到数据范围，本题可以考虑使用经典的排序方法（如冒泡、选择等）。但是由于本题中排序的第二个关键字是出现的前后位置，利用稳定排序的性质直接对第一个关键字进行排序，此时已经能够保证字符是按第二个关键字顺序排好的。

根据排序算法稳定性的含义，若待排序的序列中有两元素相等，排序之后它们的先后顺序不变，则称这个排序算法是稳定的（稳定的排序算法）。如图 6.3 所示，以冒泡排序和选择排序为例说明排序稳定性的含义，其中值相同的元素（数值 2）的上标表示该元素在待排序序列中出现的顺序。可以看到，经过多轮次的比较和元素交换，使用冒泡排序方法排序后的有序序列，值为 2 的元素依然是按排序前的顺序排列的，而使用选择排序方法排序得到的有序序列，值为 2 的元素的先后顺序与排序前相比已经发生了改变。在经典的基于比较的排序算法中，冒泡排序、直接插入排序和归并排序都是稳定的排序算法，而选择排序、快速排序则是不稳定的排序算法。

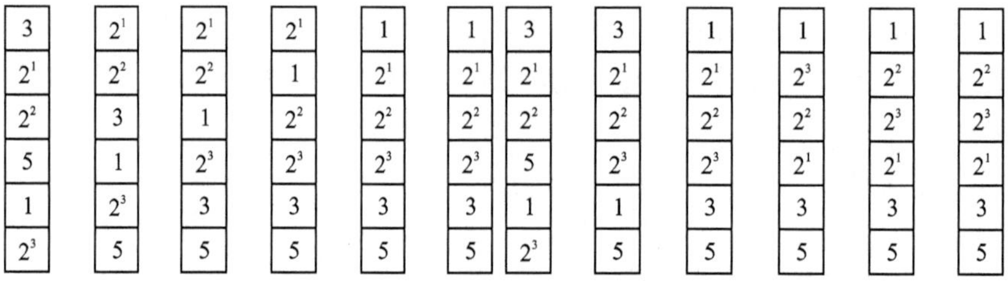

3	2^1	2^1	2^1	1	1	3	3	1	1	1	1
2^1	2^2	2^2	1	2^1	2^1	2^1	2^1	2^3	2^2	2^2
2^2	3	3	2^2	2^2	2^2	2^2	2^2	2^1	2^3	2^3
5	1	2^3	2^3	2^3	5	2^3	2^3	2^1	2^1	2^1
1	2^3	3	3	3	1	1	3	3	3	3
2^3	5	5	5	5	2^3	5	5	5	5	5

图 6.3　冒泡排序与选择排序

实现要点：本题采用冒泡排序的思路完成按字符哈希索引值的单词排序。在数组中多次操作，每一次都比较一对相邻元素。如果某一对相邻元素已按目标顺序（升序或降序）排序，则将元素保持不变。如果某一对相邻元素与目标顺序反序，则将元素交换。

首先用函数 cmps() 完成相邻元素（本题中即单词）的先后顺序定义。comps() 函数以指向字符型变量的指针为参数，完成自定义两个字符串的比较。根据哈希表中查得的哈希值，使用循环依次比较字符串中的每个字符，若当前字符是前者小于后者，则函数 cmps() 返回 1；若前者大于后者，则返回 -1（见代码第 6~12 行）。若其中一个字符串结束，则进入条件语句处理，根据两个字符串长度的大小关系，返回 -1,1 或 0（见代码第 13~18 行）。

```
1    char word[505][1050],tmp[1050];
2    int hash[256];
3    int cmps(char * a,char * b)
4    {
5        int i;
6        / * 依次比较字符串 a,b 相同位置的字符哈希值,直到其中任意一个字符串当前读入
```

```
 7          的为空字符 */
 8          for(i = 0; a[i]&& b[i]; i ++)
 9          {
10              if(hash[a[i]]>hash[b[i]])
11                  return - 1;
12              if(hash[a[i]]<hash[b[i]])
13                  return 1;
14          }
15          if(a[i])   //字符串 a 的长度大于 b 的长度
16              return - 1;
17          else if(b[i]) //字符串 a 的长度小于 b 的长度
18              return 1;
19          else //a,b 字符串完全相等
20              return 0;
21      }
```

　　主函数中首先用一维数组 hash[]存放输入的哈希值表,用二维数组 word[][]存放输入的所有单词,每个单词视为一个字符串,将字符串进行冒泡排序。冒泡排序用双重循环实现,外层循环控制排序的总轮次,内层循环完成每一轮次的相邻位置元素的比较。本题中相邻位置单词的比较是通过调用 cmps()函数进行。若相邻位置单词的顺序不符合题目要求的哈希值排序顺序,则将它们交换。单词的交换通过字符串复制函数 strcpy()实现。参考代码片段如下:

```
22      int main()
23      {
24          int n,i,j;
25          for(i = 0; i<26; i ++)
26              scanf(" % d",&hash['a' + i]);
27          for(i = 0; i<26; i ++)
28              scanf(" % d",&hash['A' + i]);
29          scanf(" % d",&n);
30          for(i = 0; i<n; i ++)
31              scanf(" % s",word[i]);
32          for(i = 0; i<n; i ++)//双重循环冒泡排序
33          {
34              for(j = 0; j<n - i - 1; j ++)
35              {
36                  if(cmps(word[j + 1],word[j]) == 1)
37                  {
38                      strcpy(tmp,word[j]);
39                      strcpy(word[j],word[j + 1]);
40                      strcpy(word[j + 1],tmp);//字符串之间的交换,用到了 strcpy()函数
41                  }
42              }
43          }
```

```
44        for(i = 0; i<n; i++)
45            printf("%s\n",word[i]);
46    return 0;
47 }
```

以上冒泡排序的实现方法还可以进一步优化。其优化思路是假如在某轮次比较当中,发现所有的单词都没有交换,则说明该序列已经有序了,不需要再继续排序。因此可以在交换的地方加一个标记,如果排序结束没有交换发生,说明所有的单词已经排好序了,不用再继续下去。因此上述参考代码片段的第 31~41 行可以改写为如下参考代码片段:

```
1  int flag = 0;//标志是否发生过元素交换
2      for(i = 0; i<n; i++)
3      {
4          for(j = 0; j<n - i - 1; j++)
5          {
6              if(cmps(word[j + 1],word[j]) == 1)
7              {
8                  strcpy(tmp,word[j]);
9                  strcpy(word[j],word[j + 1]);
10                 strcpy(word[j + 1],tmp);
11                 flag = 1;
12             }
13         }
14         if(flag == 0) //若没有交换过元素,则已经排好序
15             break;
16     }
```

题 6-6 解析 指向一维数组的指针:字符串替换

问题分析:本题需要替换字符串的部分内容,首先需要找到子字符串在原字符串中的位置,然后从该位置开始,替换指定长度的内容并输出。字符串处理库函数 strchr()/strrchr() 可以实现在原字符串中查找目标子串的功能。

实现要点:将输入保存在 buf 中,利用 strstr() 函数查找子串"_xy_"的位置 p,将输出字符串分为三部分:"_xy_"之前的内容(buf 开始直至 $p-1$ 位置)、"_xy_"替换为"_ab_"以及"_xy_"之后的内容($p+$"_xy_"长度开始,直至字符串结束)。参考代码片段如下:

```
1  char buf[BUFSIZ], * p, * str = "_xy_";
2  while(scanf("%s",buf) ! = EOF){
3      p = strstr(buf,str);
4      if(p == NULL) {
5          printf("%s\n",buf);
6          continue;
7      }
8      * p = '\0';//指针 p 指向的字符替换成空字符,第 9 行输出第一个字符串直到位置 p-1 停止
9      printf("%s_ab_%s\n",buf,p + strlen(str));
10 }
```

注意：在本题解的第 3 行和第 9 行使用了字符串处理函数，因此在程序一开始需要 include ＜string. h＞。

题 6-7 解析 指向一维数组的指针：子串逆置

问题分析：读入两个字符串 s 和 t，使用标准库的 strstr() 判断 s 中是否包含 t。由于要匹配所有的 t，已经匹配的字符不会再重复匹配，于是在进行一次逆置后，可以利用 strstr() 返回的指针位置与 t 的长度来移动指向 s 的指针，直至匹配不到 t 为止。

实现要点：可利用字符指针，设计一个函数 rev()（见代码第 1～9 行）实现逆序，分别用字符指针 first 和 last 指向字符串的起始和终止位置。基本思路为设计一个循环，交换完数据后，使 first 向后移动，last 向前移动。具体算法流程描述如下：

① 判断起始位置是否小于终止位置 first＜last（循环条件）。

② 若满足则：

a. 交换数据；

b. 起始位置移动//first＋＋；

c. 终止位置移动//last－－。

③ 重复操作①～②直至循环条件不满足。

根据以上思路，参考代码片段如下：

```
1    void rev(char * first,char * last) {
2        int tmp;
3        while(first<last) {
4            tmp = * last;
5            * last = * first;
6            * first = tmp;
7            first ++ ,last -- ;
8        }
9    }

10   int main() {
11       char str[BUFSIZ],substr[BUFSIZ], * p = str; //定义一个指向数组的指针
12       scanf("% s % s",str,substr);
13       while((p = strstr(p,substr)) ! = NULL) {//可能有多个字符串 t 需要逆置
14           rev(p,p + strlen(substr) - 1);
15           p = p + strlen(substr);//指针指向子串结束的下一个位置
16       }
17       puts(str);
18       return 0;
19   }
```

题 6-8 解析 指向一维数组的指针：数的互逆

问题分析：注意到数据的范围，本题实质上考查高精度整数（即大整数）的加减运算。对于基本数据类型无法表示的十进制整数加减运算，可以考虑用字符串保存操作数和结果，并采

取逐位运算的方式。本题判断这两个数是否互为逆，首先要求是绝对值位数相同。基于以上思路，对于高精度整数的位数比较，可以使用字符串相关库函数完成。在精度相同的基础上进行高精度加减运算并判断是否互为逆。在进行高精度加减的时候，可以先用函数判断两个数的大小，使用大数减小数计算比较方便。

实现要点：定义 3 个一维字符数组 sa[1000]、sb[1000]、result[1000]，分别用于存放输入的一对整数 a、b 以及它们的和。若 a、b 为同符号的互逆数，则它们每一位上的和为 9，最终输出结果只与 a 或 b 的位数有关；若 a、b 为符号不同的互逆数，则计算求和可以转化为两个正整数做减法。以下定义了函数 sub() 用于计算两个正整数的减法，sub() 函数以两个指向字符型变量的指针作为参数，模拟笔算减法从低位到高位逐位相减。若遇到当前位的被减数小于减数，则向高位借位（见代码第 9～13 行）。

```
1    char result[1000];
2    char * sub(char * a,char * b)
3    {
4        memset(result,0,sizeof(result));
5        int la = strlen(a),i,r;
6        for(i = la - 1; i > = 0; i -- )
7        {
8            r = a[i] - b[i];
9            if(r < 0) //当前位被减数小于减数,需要借位
10           {
11               a[i - 1] - = 1;
12           }
13           result[i] = (r + 10) % 10 + '0';//借位减法,并将结果转为字符
14       }
15       for(i = 0; i < la; i ++ )//忽略前导 0
16       {
17           if(result[i]! = '0')
18               break;
19       }
20       return result + i;//返回 result 从第 1 个不为 0 开始的子串
21   }
```

主函数中，用两个字符指针 char * a、char * b 分别指向一维数组 sa、sb。注意在接收输入字符串后，将符号位用三目运算符单独处理，用变量 signa、signb 分别保存 a、b 的正负符号。利用 strlen() 函数求去除符号后字符串 a、b 的长度（即整数的位数）。用条件语句的不同分支完成不同输入情形下的运算过程，具体步骤如下：

① 若 a、b 长度不同，则不满足互逆条件，输出"illegal operation"；

② 若 a、b 长度相同，但循环遍历字符串发现有配对位上字符代表的数字相加不为 9，则不满足互逆条件，输出"illegal operation"；

③ 若 a、b 满足互逆，则分为以下几种情况处理：

a. a、b 均为负整数，输出 a 或 b 位数数量的字符"9"，最高位前加"－"；

b. a、b 均为正整数，输出 a 或 b 位数数量的字符"9"；

c. a 为正整数,b 为负整数,或 a 为负整数,b 为正整数,利用 strcmp() 函数比较绝对值的大小,strcmp() 会根据 ASCII 编码依次比较每一个字符,从而判别出字符串对应的整数的大小。调用 sub() 函数完成计算,最后输出绝对值最大的字符。参考代码片段如下:

```
22   int main()
23   {
24       char sa[1000],sb[1000];
25       char * a, * b;
26       int signa,signb;
27       int i,t,la,lb;
28
29       scanf("% d",&t);
30       while(t--)
31       {
32           scanf("% s% s",sa,sb);
33           a = (sa[0] == '-') ? sa + 1 : sa;
34           b = (sb[0] == '-') ? sb + 1 : sb;
35           signa = (sa[0] == '-') ? 1 : 0;
36           signb = (sb[0] == '-') ? 1 : 0;
37           la = strlen(a);
38           lb = strlen(b);
39           if(la ! = lb) //长度不相同,不符合互逆条件
40               printf("illegal operation\n");
41           else
42           {
43               int flag = 1;
44               for(i = 0; i<la; i++)
45               {
46                   if(a[i] + b[i] - '0' - '0' ! = 9)//有配对位置上的求和结果不符合互逆
47                   {
48                       printf("illegal operation\n");
49                       flag = 0;
50                       break;//退出本层循环
51                   }
52               }
53               if(flag == 0)
54               {
55                   continue; //继续接收下一对数据
56               }
57               if(signa == 1 && signb == 1)//a,b 为互逆的负整数
58               {
59                   printf("-");
60                   for(i = 0; i<la; i++)
61                       printf("9");
```

```
61            printf("\n");
62        }
63        else if(signa == 0 && signb == 0) //a,b 为互逆的正整数
64        {
65            for(i = 0; i<la; i++)
66                printf("9");
67            printf("\n");
68        }
69        else if(signa == 0 && signb == 1)//a 为正整数,b 为负整数
70        {
71            if(strcmp(a,b) >= 0)//大数作为被减数
72                printf(" %s\n",sub(a,b));
73            else
74                printf(" - %s\n",sub(b,a));
75        }
76        else //a 为负整数,b 为正整数
77        {
78            if(strcmp(b,a) >= 0) //大数作为被减数
79                printf(" %s\n",sub(b,a));
80            else
81                printf(" - %s\n",sub(a,b));
82        }
83    }
84  }
85 }
```

题 6-9 解析　指针数组的应用：计算并输出月份

问题分析：本题的求解可以通过定义一个指针数组,将数组元素初始化为各个月份对应的英文单词(字符串)。同时,定义一个一维数组,数组元素初始化为各个月份对应的天数。根据输入的 x 设计一个循环(见代码第 6~8 行),便可以求得是第几月,然后通过访问指针数组相应位置的元素来输出对应的字符串。

实现要点：采用指针数组实现的参考代码片段如下：

```
1  char * month[] = {"January","February","March","April","May","June","July","August",
2  "September","October","November","December"};
3  int month_days[] = {31,28,31,30,31,30,31,31,30,31,30,31};
4  int i,x;
5  scanf(" %d",&x);
6  for(i = 0; i<12; i++)
7      if((x - = month_days[i]) <= 0)
8          break;
9  printf(" %s\n",month[i]);
```

本题可以使用二维数组对星期的英文名称进行存储,以上程序的第 1 行可改为用二维数

组 day_name[][]实现(见代码第 11～19 行)。

```
10   #define LEN 12
11   char day_name[][LEN] = {
12        "Sunday",
13        "Monday",
14        "Tuesday",
15        "Wednesday",
16        "Thursday",
17        "Friday",
18        "Saturday"
19   };
```

以上两种不同的实现方法体现出指针数组与二维数组的区别,可以归纳为以下三点:

① 指针数组中只为指针分配了存储空间,其指向的数据元素所需要的存储空间是通过其他方式另行分配的。

② 二维数组每一行中元素的个数是在数组定义时明确规定的,并且是完全相同的;而指针数组中各个指针所指向的存储空间的长度不一定相同(如图 6.4 所示)。

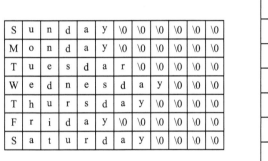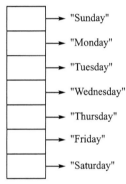

图 6.4　二维数组(左)和指针数(右)存储示意图

③ 二维数组中全部元素的存储空间是连续排列的;而在指针数组中,只有各个指针的存储空间是连续排列的,其指向的数据元素的存储顺序取决于存储空间的分配方法,并且常常是不连续的。

题 6-10 解析　指针数组的应用:单词集合

问题分析:本题涉及字符串的排序,相比于使用二维数组保存字符串,用指针数组保存多个字符串时,在交换时可以只交换指针,从而增加排序效率。这里采用的是插入排序,先将两个集合的单词分别排序,然后使用双线性查找,如果找到相同的单词则将其输出,如果没有相同的单词则输出 NONE。

实现要点:

① 首先建立两个指针数组 strArray1,strArray2,分别保存两个集合中的单词;

② 用 malloc()函数请求分配保存一个字符串,字符串首地址记为 tmp;

③ 将 tmp 按升序插入 strArray 中,如果已经存在则不插入;

④ 重复②和③,直到全部单词存入数组;

⑤ 按顺序比较两个数组中的单词,如果有相同的单词则将其输出;如果不存在相同的单词,输出 NONE。

依据以上思路,可编写函数 ReadWord()完成②~④,函数将所输入的单词按照升序存储到指针数组 strArray 所指向的存储空间。参考代码片段如下:

```
1    int ReadWord(char * strArray[]) {
2        int num = 0,i,j,res;
3        char * tmp = (char * )malloc((WORD_LENGTH + 1) * sizeof(char));//分配空间保存字符串
4        scanf(" % * [^{]");//忽略掉指定输入项
5        scanf(" % * [{ ]");
6        while(scanf(" %[^ ,}] % * [,]",tmp) == 1) {
7            for(i = 0; i<num; i ++ ) {
8                if((res = strcmp(tmp,strArray[i])) < = 0) break;
9            }
10           }
11           if(res) {
12               for(j = num - 1; j> = i; j -- ){
13                   strArray[j + 1] = strArray[j];
14               }
15               strArray[i] = tmp;
16               num ++ ;
17               tmp = (char * )malloc((WORD_LENGTH + 1) * sizeof(char));
18           }
19       }
20       free(tmp);
21       return num;
22   }
```

主函数首先定义两个指针数组 strArray1,strArray2,调用以上 ReadWord()函数将输入内容存储到这两个指针数组所指向的字符串数组,并按顺序比较两个数组中的单词,判断是否有相同的内容,最后按题目要求进行输出,参考代码片段如下:

```
1    char * strArray1[WORD_NUMBER], * strArray2[WORD_NUMBER];
2    int arrayLength1 = 0,arrayLength2 = 0,i,j,ret,flag = 1;
3    arrayLength1 = ReadWord(strArray1);
4    arrayLength2 = ReadWord(strArray2);
5    for(i = 0,j = 0; i<arrayLength1 && j<arrayLength2;) {
6        ret = strcmp(strArray1[i],strArray2[j]);
7        if(ret) {
8            if(ret>0) {
9                j ++ ;
10           }
11           else {
12               i ++ ;
```

```
13              }
14          }
15          else {
16              printf("%s ",strArray1[i]);
17              i++;
18              j++;
19              flag = 0;
20          }
21      }
22      if(flag) {
23          printf("NONE");
24      }
```

注意 1：本题中库函数 strcmp() 完成两个字符串的大小比较，即自左向右逐个字符相比（按 ASCII 值大小比较），直到出现不同的字符或遇 '\0' 为止。

注意 2：scanf() 中 % * 表示忽略掉一个输入项。字符" * "用以表示对于当前输入项，读入后不赋予相应的变量，即跳过该输入值。如本例中 scanf("% * [{]") 表示读入字符"{"，但不赋给任何变量。

注意 3：用 scanf() 函数读取带有空格的字符串时，需要使用参数 %[ ] 来完成，即读入一个字符集合。[ ]是集合的标志，%[ ]特指读入此集合所限定的那些字符，比如 %[A−Z]是输入大写字母，一旦遇到不在此集合的字符便停止。如果集合的第一个字符是"^"，表示读取不在"^"后面集合的字符，也即遇到"^"后面集合的字符便停止，此时读取的字符串是可以含有空格的。例如本题中输入单词以字符"，"分隔，scanf("%[^ ,}]% * [,]",tmp)指读取输入中非字符"，"和"}"的内容，即单词本身，然后将单词后面的"，"跳过，从而完成逐个单词内容的读入。

题 6-11 解析　指针数组的应用：更遥远的星期几

问题分析：已知当前是 X 月 Y 日星期 Z，求现在开始的下一个 A 月份第 B 天是星期几，其总体思路是利用计算公式计算出两个日期之间的长度，再对 7 取模即可（见代码第 8 行）。

实现要点：用一个一维数组来存放每个月的天数，用一个指针数组来存放星期几的英文单词。解题中要注意 A 月份是否会到下一年，例如当 X 月是 8 月，A 月是 5 月时，显然 A 月已经到了下一年，处理方法参考代码第 14~18 行。参考代码片段如下：

```
1   int m[13] = {0,31,28,31,30,31,30,31,31,30,31,30,31};
2   char * w[] = { "Sunday","Monday","Tuesday","Wednesday",
3                  "Thursday","Friday","Saturday" };
4   int now,d_now,w_now,nxt,d_nxt;//当前月,当前时间,当前星期,目标月,目标时间

5   scanf("%d%d%d%d%d",&now,&d_now,&w_now,&nxt,&d_nxt);
6   if(now == nxt && d_now<d_nxt)//如果是当前月的将来某一天
7   {
8       int al = d_nxt - d_now;
9       printf("%s\n",w[(d_nxt - d_now + w_now) % 7]);
```

```
10    }
11    else
12    {
13        int al = m[now] - d_now;
14        now = now % 12 + 1;
15        while(now ! = nxt)
16        {
17            al + = m[now];
18            now = now % 12 + 1;
19        }
20        int anw = (al + d_nxt + w_now) % 7;
21        printf("% s\n",w[anw]);
22    }
```

题 6-12 解析　指针数组的应用：输出文章内容

问题分析：这道题的求解需要首先将所输入文章的每一行进行存储，然后将它们按照一定规则排序，最后将排序后的结果输出。对存储好的 n 行文章进行排序，可以考虑以行为单位，一个轮次一个轮次地处理。从第一行开始将其与余下各行依次比较，找到余下各行当中最长的一行，与第一行的行指针进行位置交换，这一轮比较下来，最长的行的行指针就放入到指针数组的第 0 个位置。再从第二行开始，以同样的规则寻找剩下行中的最长行，直到遍历完所有行。经过 $n-1$ 轮比较，即可将文章各行按照长度进行排序。以上策略即为选择排序的基本思路。

实现要点：根据以上分析，可以使用指针数组 lineptr 存储所输入的文章内容，让该指针数组的每一个元素各指向一行（见代码第 4～8 行），相应地，需要用到 malloc() 函数为每一行分配储存空间，并让指针指向那个空间的地址（见代码第 5 行）。参考代码片段如下（MAX-LINES 和 MAXLENGTH 分别由宏定义为 1 000、200）：

```
1    int i = 0,j,n,max;
2    char * lineptr[MAXLINES],buf[MAXLENGTH];
3    char * pc = buf;

4    while(scanf("% s",buf) ! = EOF){
5        lineptr[i] = (char *)malloc(strlen(buf) + 1);
6        strcpy(lineptr[i],buf);
7        i ++ ;
8    }
```

然后需要使用二重循环完成选择排序，注意在实现的时候，比较字符串的长度可以通过库函数 strlen() 进行，内层循环找到最长的行之后，记录该行在指针数组中的下标，再将该行与当前外层循环对应数组下标的字符串进行交换（见代码第 18～22 行）。参考代码片段如下：

```
9    n = i;
10   for(i = 0; i<n; i ++ ){
11       max = i;
```

```
12        for(j = i + 1; j<n; j ++ ){
13            if(strlen(lineptr[max])<strlen(lineptr[j]))
14                max = j;
15            else if(strlen(lineptr[max]) == strlen(lineptr[j])){   //如果长度相同
16                if(lineptr[max][0]>lineptr[j][0])
17                    max = j;
18            }
19        }
20        if(max ! = i){   //进行交换
21            pc = lineptr[max];
22            lineptr[max] = lineptr[i];
23            lineptr[i] = pc;
24        }
25    }
26    for(i = 0; i<n; i ++ ){
27        puts(lineptr[i]);
28        free(lineptr[i]);
29    }
```

题 6 - 13 解析　函数指针实例：有趣的排序问题

问题分析：本题需要掌握 qsort()函数的使用。将原数组排序之后,按照题目要求输出指定位置的元素。对于中间位置的处理,需要考虑总元素个数为奇数或者偶数的情况。

实现要点：qsort()函数需要 4 个参数,分别为数组名、数组元素个数、数组中元素大小和自定义的比较函数(见代码第 13 行)。定义比较函数时需注意函数类型、参数类型及类型转换(见代码第 2~4 行)。使用该函数时需要包含 stdlib. h 头文件。对于取中间位置,针对数组元素总数量 n 为奇数或偶数,使用选择结构实现(见代码第 14~19 行)。参考代码片段如下：

```
1    #define MAX 1000
2    int cmp(const void * a,const void * b){   //定义比较函数
3        return * (int * )a - * (int * )b;
4    }
5    int main(){
6        int n,i;
7        int num[MAX];

8        scanf(" % d",&n);
9        if(n<5)
10           return 0;
11       for(i = 0; i<n; i ++ ){
12           scanf(" % d",&num[i]);
13       }
14       qsort(num,n,sizeof(num[0]),cmp);//将数组元素按升序排列
15       if(n % 2 == 0){
16           float result = (num[n / 2] + num[n / 2 - 1]) / 2.0;
```

```
17        printf("%.2f\n",result);
18    }else{
19        printf("%d\n",num[n / 2]);
20    }
21    printf("%d\n",num[4]);
22    return 0;
23 }
```

注意：qsort()快速排序函数(标准库函数)的函数原型为 void qsort(void * base, size_t num, size_t wid, int(* comp)(const void * e1, const void * e2))。其中 base 是指向所要排序的数组的指针(void * 指向任意类型的数组)；num 是数组中元素的个数；wid 是每个元素所占用的字节数；comp 是一个指向数组元素比较函数的指针，该比较函数的两个参数是类型位置的指针；const 表示指针指向的内容是只读的，在 comp 所指向的函数中不可被修改；qsort 负责框架调用和给(* comp)传递所需参数，根据(* comp)的返回值决定如何移动数组；(* comp)负责比较两个元素，返回负数、正数和0,分别表示第一个参数先于、后于和等于第二个参数。

题 6-14 解析　函数指针实例：求众数

问题分析：众数是指在一组数据中出现次数最多的数据，一组数据可以有多个众数，也可以没有众数。求众数有很多方法，首先，可以采用暴力破解的方法，即使用两重循环，内层循环寻找外层循环当前元素出现的次数，看是否大于 $n/2$。但这种暴力计算的方法非常慢，在测试的时候很可能在规定的时间内跑不出结果。而如果是已经排序过的数组，遍历一遍就可以得出结果，因此可以先将数据排序，然后从头到尾遍历排序后的数组，查找出现次数最多的元素，即为众数，并将该数重复的次数输出。

实现要点：先用 qsort()函数将数组 a 中的元素从小到大排序。题目要求输出的是众数出现的次数，并且若有多个众数，输出其中一个出现的次数即可。用循环遍历排序后的数组 a,每次循环统计当前元素出现的次数并加 1(即为 num),然后对比当前最大出现次数 ans,如果超过当前最大出现次数则更新最大次数(见代码第12~16行),直到循环结束。需要注意的是，若题目还要求输出众数的值，则在每次循环时，还需要更新出现最大次数的那个值。参考代码片段如下：

```
1    #define N 1005
2    #define max(a,b)(a>b ? a : b)

3    int compare(const void * a,const void * b){
4        return * (int * )a- * (int * )b;
5    }

6    int main(){
7        int i,n,a[N];
8        int num = 1,ans = 0;

9        scanf("%d",&n);
```

```
10          for(i = 0;i<n; i++)
11              scanf("% d",&a[i]);
12          qsort(a,n,sizeof(int),compare);
13          for(i = 1 ; i<n; i++){
14              if(a[i] == a[i-1])
15                  num ++ ;
16              else num = 1 ;
17              ans = max(ans,num);
18          }
19          printf("% d\n",ans);
20          return 0;
21      }
```

注意：若题目要求同时输出所有的众数，则可以先将数据从大到小排序，然后把重复出现的数和出现的次数存放在一个二维数组里，再查找出现次数最多的数，就是要求的众数。

题 6–15 解析 函数指针实例：比赛排行榜

问题分析：依据题意需要将学生依次按照得分、罚时、学号进行排名，因此本题考查的是多关键字排序。可以使用 qsort() 函数完成排序。

实现要点：由于 qsort() 函数需要 4 个参数，分别为数组名、数组元素个数、数组中元素大小和自定义的比较函数，对于本题的求解，考虑编写一个自定义的比较函数 cmp() 支持多关键字排序。自定义的函数 cmp() 能够实现对三个关键字进行两个元素间的大小比较。参考代码片段如下：

```
1   intcmp(const int * a,const int * b)
2   {
3       if(a[0]! = b[0])//按第一个关键字降序排列
4           return b[0]-a[0];
5       else if(a[1]! = b[1])   //若第一个关键字相同,则按第二个关键字升序排列
6           return a[1]-b[1];
7       else   //若第二个关键字相同,则按第三个关键字升序排列
8           returna[2]-b[2];
9   }
```

以上代码中需要注意的是 cmp() 的参数直接定义为 const int *，而之前的例题中，比较函数 compare() 参数为通用类型指针 const void *。在 C 语言中，这两种方法都是允许的。前者的优点是在函数内部避免了参数类型转换，描述上更加简洁；后者在函数内部需要进行强制类型转换，但优点是可匹配任意类型指针。接下来就可以将函数 cmp() 的地址作为参数传递给 qsort() 函数，从而按题意对整个比赛成绩排序。注意在输入时应自动记录学生的学号到二维数组，并将其视为排序的第三关键字（见代码第 5～8 行）。具体参考代码片段如下：

```
10  int T,n,s[1010][3],q,x,i,j,k,ans[110],l = 0;
11  scanf("% d",&T);
12  for(i = 0; i<T; i++) {
13      scanf("% d",&n);
```

```
14          for(j = 0; j<n; j++) {
15              scanf("%d%d",&s[j][0],&s[j][1]);
16              s[j][2] = j+1;
17          }
18      qsort(s,n,sizeof(s[0]),cmp);
19      scanf("%d",&q);
20      for(k = 0; k<q; k++) {
21          scanf("%d",&x);
22          printf("%d\n",s[x-1][2]);
2   3      }
24  }
```

题 6-16 解析　函数指针实例：田忌赛马

问题分析：田忌赛马是个很古老的问题，解决的方法是首先对双方马匹排序，然后从对方能力值最小的开始，一匹一匹地分配你的马，即分配你的马中能力值大于这匹马的最弱的那匹。举个例子，假如当前对方最弱的马匹能力值为3，你现在有能力值为2,4,5,6,7的5匹马待分配，应该分配能力为4的马与其进行比赛。这是一种典型的贪心策略，将待求解的问题分解成若干个子问题分步求解，且每一步总是做出当前最好的选择，以期得到问题最优解。

实现要点：实现以上解题思路首先需要使用 qsort() 函数对双方的马匹能力值进行排序，定义比较函数 compare()，使元素按升序排列。

```
1   int compare(const void * a,const void * b)
2   {
3       return * (int * )a - * (int * )b;
4   }
```

将双方的马匹能力值分别用一维数组a,b存放，调用 qsort() 函数对以上两个数组进行升序排序。用循环将排好序的a,b数组中的元素一一比较，若a中当前元素已大于b中当前元素，则将获胜次数加1，同时继续比较a,b的下一个位置元素（见代码第19～24行）；若a中当前元素小于等于b中当前元素，则分配a中下一个元素与b中当前元素比较，直至a中所有元素都参与比较完毕。参考代码片段如下：

```
5   int main()
6   {
7       int n,i;
8       int a[101],b[101];
9       scanf("%d",&n);
10      for(i = 0; i<n; i++)
11          scanf("%d",&a[i]);
12      for(i = 0; i<n; i++)
13          scanf("%d",&b[i]);
14      qsort(a,n,sizeof(a[0]),compare);//将我方的马匹能力值按升序排列
15      qsort(b,n,sizeof(b[0]),compare);//将对方的马匹能力值按升序排列
16      int cura = 0,curb = 0,ans = 0;
```

```
17        while(cura<n && curb<n) //循环比较双方马匹能力值
18        {
19            if(a[cura]>b[curb])//若我方当前马匹能取胜,则双方当前马匹进行比赛
20            {
21                ans ++ ;
22                cura ++ ;
23                curb ++ ;
24            }
25            else   //否则从我方挑下一匹马继续比较
26                cura ++ ;
27        }
28        printf(" % d",ans);
29        return 0;
30  }
```

题 6－17 解析　函数指针实例：求凸多边形面积

问题分析：多边形面积的计算有一个很好的处理办法就是向量叉乘,由求三角形面积的方法可以推广到求凸多边形面积。如图,从一固定点出发,向其他各点引辅助线,这样就分割成了若干个三角形,求出每个三角形的面积再相加,三角形的面积则可利用向量叉乘求出。

本题的具体计算方法是逆时针方向给出凸边形所有顶点的坐标,计算面积时按照第一个点到最后一个点的顺序,取此时的点和后面的一个点求叉乘的和的一半。如图 6.5 所示。

注意这个过程中非常重要的一点是,用叉乘的方法求出三角形的面积是有向面积,枚举三角形顶点时,须按逆时针取,因此在使用该方法计算凸多边形时,必须保证所有向量按逆时针顺序排列。

计算几何中,判断顶点之间是顺时针还是逆时针可以利用叉积的性质。例如,设 3 个顶点为 O,A,B（如图 6.6 所示）,当 $\overrightarrow{OA} \times \overrightarrow{OB} > 0$ 时,表明 $\overrightarrow{OB}$ 在 $\overrightarrow{OA}$ 的逆时针方向；当 $\overrightarrow{OA} \times \overrightarrow{OB} = 0$ 表明点 O,A,B 共线；否则 $\overrightarrow{OB}$ 在 $\overrightarrow{OA}$ 的顺时针方向。可按照该性质将给出的凸多边形的顶点按逆时针排列,再利用多边形面积的向量叉乘法求解本题。

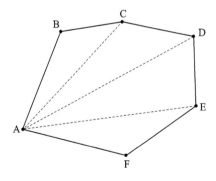

图 6.5　凸多边形面积

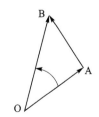

图 6.6　三角形面积

实现要点： 首先定义全局二维数组 pos[][]存放输入的凸多边形顶点坐标。凸多边形顶点的逆时针排列可借助于 qsort()函数实现，通过自定义比较函数 cmp()可以指定排序的标准。根据问题分析，将比较函数定义为按照向量叉乘结果排序(见代码第 1～4 行)。同时注意到，当叉乘等于 0 时，顶点共线，因此需要按照纵坐标升序对那些共线的顶点再次排序，保证该凸多边形所有顶点是逆时针排列。

```
1    int cmp(const void * a,const void * b) //借助叉乘,定义比较函数
2    {
3        return((((int * )a)[0]－pos[0][0]) * (((int * )b)[1]－pos[0][1]) － (((int * )a)[1]－
pos[0][1]) * (((int * )b)[0]－pos[0][0]));
4    }
5    int cmp1(const void * a,const void * b) //利用纵坐标对共线的向量再次排序
6    {
7        return(((int * )a)[1]－((int * )b)[1]);
8    }
```

调用 qsort()函数，根据定义的比较函数，将数组 pos 中存放的坐标按逆时针排列。循环遍历所有顶点，利用叉乘公式累加计算出凸多边形的面积(见代码第 20～23 行)。特别注意，叉乘得到的结果有正负，代表方向，而本题求面积没有正负之分，所以需要将叉乘计算累加的结果取绝对值。参考代码片段如下：

```
9     int main()
10    {
11        int n,i;
12        int sum = 0;
13        double ans = 0;

14        scanf(" % d",&n);
15        for(i = 0; i<n; i++)
16            scanf(" % d % d",&pos[i][0],&pos[i][1]);
17        qsort(pos,n,sizeof(pos[0]),cmp1);
18        qsort(pos[1],n－1,sizeof(pos[0]),cmp);
19        for(i = 0; i<n－1; i++) //排序完成后,借助数学公式即可计算得到最终的面积
20            sum = sum +(pos[i][0] * pos[i+1][1]－pos[i+1][0] * pos[i][1]);
21        sum = sum +(pos[n－1][0] * pos[0][1]－pos[n－1][1] * pos[0][0]);
22        ans = 0.5 * abs(sum);
23        printf(" % .2f\n",ans);
24        return 0;
25    }
```

6.4　本章小结

　　指针是 C 语言的精髓之一,也是 C 语言中较难掌握的问题之一。合理使用指针能够使程序简洁、高效、紧凑。通过本章的练习,应进一步理解指针的概念、指针变量的使用与指针运算。在此基础上掌握指针在函数中的使用、指针向函数传递参数和返回指针类型。还应当理解指针、数组与字符串之间的密切关系,能够使用指针对一维数组、二维数组进行操作,并熟练掌握指针在字符串处理中的应用。此外,本章还涉及函数指针,读者通过练习应理解函数指针的定义与使用方法,掌握 qsort() 等标准库函数的使用方法,会借助于这些库函数解决较为复杂的问题。

第7章 结构与联合

程序设计中常需要处理一些相互关联的复杂数据,比如:为表示三维空间中的一个点,需要记录 x、y、z 轴分量;学生管理系统中,学生信息包括姓名、班级、学号、家庭住址、电话号码、电子邮箱等。这些计算对象具有多种属性,不同属性的数据类型可能相同、也可能不同,为把这些数据组织在一起、构建由一个或多个类型变量组成的集合,C语言提供了可由程序员自行定义的构造类型:结构(struct)和联合(union)。本章主要内容包括:结构类型的定义、结构成员的访问以及包含结构的结构;单向链表的定义、操作与应用;联合类型的定义与成员的访问;类型定义(typedef)语句。基本知识结构如图7.1所示。

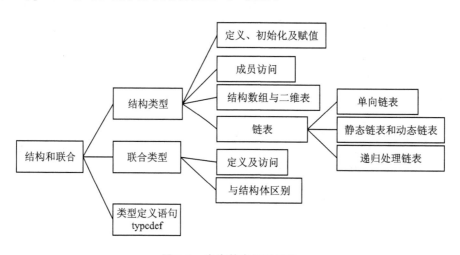

图 7.1 本章基本知识结构

7.1 本章难点回顾

7.1.1 结构数组与二维表的对应关系

结构数组相当于一张二维表,一个表的框架对应的就是某种结构类型,表中的每一列对应该结构的成员,表中每一行信息对应该结构数组元素各成员的具体值,表中的行数对应结构数组的大小。例如:

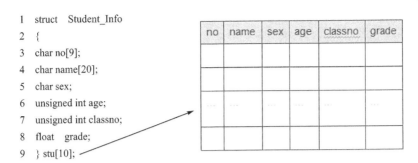

```
1    struct    Student_Info
2    {
3        char no[9];
4        char name[20];
5        char sex;
6        unsigned int age;
7        unsigned int classno;
8        float    grade;
9    } stu[10];
```

图 7.2　结构数组与二维表的对应关系

注意：包含结构的结构：在一个结构中也可以包含其他已定义的结构或者结构指针。

① 当一个结构成员本身也是一个结构时，对它的成员的访问方式与一般结构相同。

② 对结构成员进行访问的操作符是左结合的，因此对嵌套的结构成员进行访问时不需要使用小括号。

7.1.2　单向链表

单向链表是指链表的链接方向是单向的，对链表的访问要通过顺序读取从头部开始，最后一个结点称为"表尾"，表尾结点的指针为空（NULL），如图 7.3 所示。

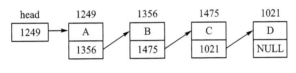

图 7.3　单向链表

链表有一个"头指针"head，它指向链表的第一个元素。链表的一个元素称为一个"结点（节点）"（node）。结点中包含两部分内容，第一部分是结点数据本身，如图中的 A、B、C、D 所示。结点的第二部分是一个指针，它指向下一个结点。

在链表中插入一个结点，比如，在结点 A 后插入结点 P，只需使 P 指向 B，使 A 指向 P。在链表中删除一个结点，比如删除结点 C，只需使 B 指向 D，并删除结点 C 所占内存。因此，链表的插入、删除非常方便。

注意：为什么需要链表？① 数组是静态分配存储单元，容易造成内存浪费。而链表的长度不需事先确定，它根据需要动态地分配内存，并且数据节点的插入和删除都很灵活。② 链表表示树等数据结构非常有用。③ 链表是一种通过指针将由一系列类型相同的结点链接在一起的数据结构。④ 一个结构中不可以包含其自身类型的结构，但可以包含指向自身类型结构的指针。这个结构可用来描述递归定义的数据，如链表等。

例 7-1　建立和输出一个静态链表。

"静态链表"——各结点在程序中定义，不是临时开辟的，始终占有内容不放。

```
1    struct student
2    {
3        long num;
4        float score;
```

```
5        struct   student   * next;
6     //next 是 struct student 类型成员,它指向 struct student 类型的数据,即下一个结点
7     };

8     int main()
9     {
10        struct student a,b,c, * head, * p;
11        a. num = 99101;
12        a. score = 89.5;
13        b. num = 99103;
14        b. score = 90;
15        c. num = 99107 ;
16        c. score = 85;
17        head = &a;
18        a. next = &b;
19        b. next = &c;
20        c. next = NULL;
21        p = head;
22        do
23        {
24            printf(" % ld % 5.1f\n",p->num,p->score);
25            p = p->next;
26        }while(p!  = NULL);
27        return 0;
28    }
```

例 7 - 2 建立和输出一个动态链表。

/ * 函数 insert() 为新结点动态分配存储空间,并将其插入到链表头部,参数 list_p 将指向待插入链表的头,value 是新结点的值 * /。

```
1     struct node_t * insert(struct node * list_p,int value)
2     {
3         struct node_t * tmp;
4         tmp = malloc(sizeof(struct node_t));//使用 malloc() 为新结点申请存储空间
5         if(tmp == NULL) {
6             fprintf(stderr,"Out of memory\n");
7             return list_p;
8         }
9         tmp->value = value;//将 value 保存到新结点中
10        tmp->next = list_p;//将新结点的 next 指向原来链表的头
11        return tmp;//返回新结点的地址
12    }


13    void freelist(struct node_t * hd)
14    {
15        while(hd) {
```

```
16          struct node_t * tmp = hd;//使用临时指针 tmp 存放当前需要释放的指针
17          hd = hd->next;
18          free(tmp);
19      }
20  }
21  int main()
22  {
23      struct node_t * p = NULL;//p被初始化为 NULL,保证创建的链表以 NULL 结尾
24      struct node_t * p1;
25      p = insert(p,77);
26      p = insert(p,55);
27      p = insert(p,33);
28      //p = insert(p,11);
29      p1 = p;
30      for(; p ! = NULL; p = p->next)
31          printf(" % d ",p->value);
32      putchar('\n');
33      freelist(p1);//链表使用结束后,释放用 malloc 动态申请的内存。
34      return 0;
35  }
```

例 7-3　设计一个链表逆置函数。

根据功能要求,函数以 struct node_t * 型参数的形式接受一个原始链表,将逆置后的链表以 struct node_t * 的值返回,如图 7.4 所示。

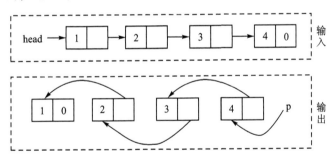

图 7.4　原始链表(上)和逆置链表(下)示意图

逆置可以分为三步:

① 逆置原始链表首结点的后继链表;

② 将原结点接到逆置后的后继链表的末尾;

③ 将原结点的后继置为 NULL。

上述操作是递归的,其中第一步是递归调用,其返回值是原结点后继链表的逆置链表。递归过程的终止条件是链表为空,或者只有一个结点。递归过程如图 7.5 所示。参考代码如下:

```
1   struct node_t * list_rev(struct  node_t * head)
2   {
3       struct node_t * p;
4       if(head == NULL || head->next == NULL)
```

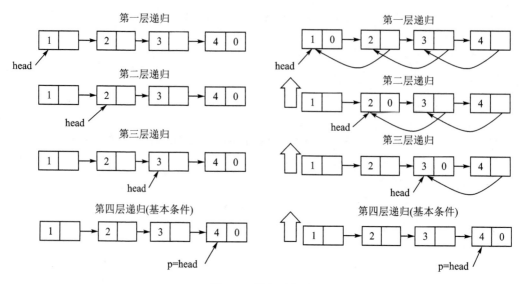

图 7.5　逆归过程图

```
5           return head;
6        p = list_rev(head->next);
7        head->next->next = head;
8        head->next = NULL;
9        return p;
10   }
```

7.1.3　类型定义语句

在阅读标准库函数联机手册和一些大型程序源代码时,常看到一些陌生的数据类型,如 size_t, time_t,INT16,UINT32 等。其实这些数据类型很多都是已学过的基本数据类型,只是由程序员使用 typedef 定义了新的类型名称,以增加程序的可读性和可移植性。C 语言中 typedef 不直接创建新的数据类型,而只是为已有的数据类型提供别名,如 size_t 常等价于 unsigned int;INT16 常等价于 signed short;UINT32 常等价于 unsigned long。例如:

```
1    typedef   int Lenth;
2    typedef char  * String;

3    typedef  struct  pt_2d
4    {
5        int x,y;
6    } pt_2d;

7    typedef  union   u_t
8    {
9        char *   word;
10       int   count;
11       double value;
```

```
12  } u_t;
13  typedef  u_t *  u_ptr;
```

注意：① typedef 定义的类型名使用方式与任何类型完全相同；② typedef 说明的新类型名称既可以是基本类型，也可以是构造类型或函数类型；③ 有了 pt_2d 和 u_t 之类的类型定义，在使用这些类型时就不需要再写 struct 和 union 这样的关键字了，使得代码简洁易懂，因此在定义 struct 和 union 同时使用 typedef 定义新名称已成为一种惯例。

7.2　精编实训题集

题 7-1　结构应用：工作 DDL

工作共面临 $n(0 < n \leqslant 1\,000)$ 个 Deadline(DDL)，每个 DDL 有一个完成需要的时间 t 和截止时间 d。如果从 0 时刻开始处理这些 DDL，并且总是选取剩余未处理的 DDL 中截止时间最早的一个去做，如果无法在这个 DDL 的截止时间前完成它，则会战略性放弃这个 DDL，去寻找下一个截止时间最早的 DDL。请设计程序计算：如果从第 0 时刻开始工作，这 n 个 DDL 能完成几个？对于一个完成所需时间为 t_i、截止时间为 d_i 的 DDL，当前时刻为 t，若满足 $t + t_i \leqslant d_i$，则这个 DDL 可以被完成。

输入：第一行一个整数 $n(0 < n \leqslant 1\,000)$，之后 n 行每行两个整数 t_i 和 d_i，分别表示第 i 个 DDL 的完成所需时间和截止时间，两个整数都是 int 范围内的正整数。保证每个 DDL 的截止时间不相等。

输出：一个整数 count，为可以完成的 DDL 数。

输入样例	3 1 2 4 5 3 3	输出样例	2
样例说明	第一个选择的 DDL 为"1 2"，完成时间为 0+1<=2，符合要求，第二个选择的 DDL 为"3 3"，完成时间为 1+3>3，不符合要求，不做这个 DDL，第三个选择的 DDL 为"4 5"，完成时间为 1+4<=5，符合要求。因此答案为 2。		

题 7-2　结构应用：数据编码问题

有一排哨兵，请设计程序实现按照身高从大到小将它们编号。哨兵的数量小于 200 000 个。

输入：输入一行，以空格间隔的实数，表示哨兵的身高。

输出：按照输入顺序以 <编号>:<数值> 的格式输出这些数据，要求相同的数值具有相同的编号，各数据之间以空格分隔。数据的数值格式、长度与输入保持不变。

| 输入样例 1 | 5.3 4.7 3.65 12.345 6e2 | 输出样例 1 | 3:5.3 4:4.7 5:3.65 2:12.345 1:6e2 |
| 输入样例 2 | 4 5 5 5 5 6 | 输出样例 2 | 3:4 2:5 2:5 2:5 2:5 1:6 |

题 7-3　结构应用：按要求选择钢管

从仓库中找出一根钢管，要求：① 这根钢管一定要是仓库中最长的；② 这根钢管一定要是最长的钢管中最细的；③ 这根钢管一定要是符合前两条的钢管中编码最大的（每根钢管都有一个互不相同的编码，越大表示生产日期越近）。手工从几百份钢管材料中选出符合要求的钢管很麻烦，请设计程序解决这个问题。

输入：第一行是一个整数 $N(1 \leqslant N \leqslant 10)$ 表示测试数据的组数，每组测试数据的第一行有一个整数 $m(1 \leqslant m \leqslant 1\ 000)$，表示仓库中所有钢管的数量，之后 m 行，每行三个整数，分别表示一根钢管的长度（以毫米为单位）、直径（以毫米为单位）和编码（一个 9 位整数）。

输出：每组测试数据只输出一个 9 位整数，表示选出的那根钢管的编码，每个输出占一行。

输入样例	2 2 2000 30 123456789 2000 20 987654321 4 3000 50 872198442 3000 45 752498124 2000 60 765128742 3000 45 652278122	输出样例	987654321 752498124

题 7-4　结构应用：OJ ratings

在很多 OJ(Online Judge)平台上，rating 被用来衡量用户的水平。现在给出一份某 OJ 的用户名单，需要找出 rating 最高的用户。给出的用户名单中含有以下三部分内容：

nickname：一个长度在[1,15]范围内的字符串，保证字符串中只可能含有大小写字母、数字和下划线，不同用户的 nickname 可能重复。

uid：一个在 $[1,10^7]$ 范围内的整数，保证不同用户的 uid 不同。

rating：一个在[−9 999,9 999]范围内的整数，不同用户的 rating 可能重复。

当有多个 rating 最高的用户时，输出 uid 最小的那个用户。

输入：第一行一个整数 $n(1 \leqslant n \leqslant 10^5)$，代表用户个数。接下来的 n 行，每行一个字符串表示 nickname 和两个整数分别表示 uid 和 rating，以空格分隔。

输出：输出一行，一个字符串和两个整数，以空格分隔，表示 rating 最高用户的 nickname、uid 和 rating。

输入样例	6 SoaringDream 5455073 233 shorn1 873974 1500 Yukimai 2282197 2161 jqe 1 2161 Dev_XYS 2 1648 RA 3 −8000	输出样例	jqe 1 2161

题 7-5 结构应用：寻找爱好相同的人

每个人有三项爱好，分别是食物、饮料、电影、运动中的任意三项，第 i 个人的三种爱好分别用一个整数 a_i,b_i,c_i 来表示。现在给出 n 个人的爱好，如果两个人起码有两项以上的爱好对应的数字相同，那么就认为这两个人具有相同的爱好。请设计程序计算一共有多少对人拥有相同的爱好。满足 $a_i=a_j,b_i=b_j,c_i=c_j$ 分别算作一种爱好相同。

输入：第一行一个整数 $n(1\leqslant n\leqslant 100)$，接下来的 n 行，每行三个整数 a_i,b_i,c_i 用空格分割$(0\leqslant a_i,b_i,c_i\leqslant 10)$。

输出：一个整数，表示拥有相同爱好的人的对数。例如：假如第 1,2,3 人都有相同的爱好，那么有(1,2)(1,3)(2,3) 3 对人有相同的爱好。

输入样例	4 1 2 3 1 2 4 1 2 3 2 2 3	输出样例	5

题 7-6 结构应用：辅导员的生日推送

每次班级有同学过生日，班级辅导员就会发一篇公众号，现在请用程序实现这一需求。

输入：第一行一个整数 $n(n\leqslant 50\,000)$，表示班级有 n 名同学。

随后 n 行，每行有一个字符串 s 和一个字符串 d，中间用空格隔开，其中 s 代表某个同学的相关信息，只含英文字母，长度不超过 50；d 表示这个同学的生日，格式为 xxxx:xx:xx(表示某年某月某日)，x 来自字符集 {'0','1','2','3','4','5','6','7','8','9',' '}。

输出：多行输出，每行输出包括：一个日期%d:%d(按时间顺序排列)以及所有该日期过生日同学的相关信息(如果多于一人，按字典序进行排列)，用空格隔开。如果该日期没有过生日的同学，就不要输出。

输入样例	3 noname 2000:1:3 a 2000:1:2 b 2000:1:2	输出样例	1:2 a b 1:3 noname

题 7-7　链表应用：再解约瑟夫问题

有 n 个人围成一圈做游戏，1 至 n 编号。从第一个人开始顺序报号 1,2,3。凡报到 3 者退出圈子。最后留在圈子中的人，即为最后的赢家。编号是一开始的编号，整个过程保持不变。

输入：一个大于 1 的正整数，表示有 n 个人。

输出：输出最后的赢家的编号。

输入样例	3	输出样例	2

题 7-8　结构联合应用：数据表排序

现代数据库的出现为人们管理各种数据提供了极大的方便，可以说，现在很少有行业背后没有数据库作为支撑。一个典型关系型数据库内部用一张张"表"存储数据，表内的数据代表现实世界中客观实体的信息，可以说是客观实体的集合。以下是一个"表"的例子：

|food|num| buyDate| price|
|juice|　1|2019-12-21|10.209|
|banana| 10|2020-02-02|129.98|
|apple|　9| 2020-1-19| 34.55|
|apple|　3|2020-01-19| 32.2|

其中|food|num|buyDate| price|可以称为"表头"，里面每一列各不相同的字符串（比如food）作为列名唯一地标识每一列。表头告诉我们这张表将从哪些维度描述客观实体。

之后的每一行称为"元组"，每一个元组对应一个客观实体，每一列中内容的含义和表头所描述的应一致。例如表中的第一个元组：| juice|　1|2019-12-21|10.209|

现在的任务是，为某张表按照一定的关键字顺序排序并输出。为了简化任务，题目将表中的数据类型限制为：INT：整型数据，同 C 语言中的 int，没有前导 0，排序时按照数字大小排序；REAL：实数，同 C 语言中的 double，排序时按照数字大小排序。同时本题中实数的有效数字不会超过 8 位；VARCHAR：字符串，仅包含大写或小写英文字母，长度不超过 100，排序时按照 C 语言中 strcmp 的规则进行比较；DATE：日期，格式为 year-month-day，排序时按照日期先后进行排序。输入时保证日期格式一定合法，year 是一个四位数字，但是不保证month 和 day 一定有两位数字。

按照一定的关键字顺序排序意味着当两个元组的第一关键字值相等的时候，比较第二关键字，以此类推。不会出现所有关键字对应的值都相等的情况。

输入：第一行，两个整数 row 和 col，分别为表的行数（除去表头）和表的列数，列数在 100 及以内，行数在 1 000 及以内；第二行，col 个用一个空格分隔的 VARCHAR 类型字符串（列名),代表表头,列名之间保证各不相同;第三行,col 个用一个空格分隔的字符串,只可能是 INT,REAL,VARCHAR 或 DATE,代表每一列中数据的类型;接下来 row 行,每行 col 个用一个空格分隔的数据,每个数据遵循所在列的数据类型的构造规则,每一行代表一个元组。之后若干行为关键字顺序,每行包括一个列名和一个数字,用一个空格分隔。第 i 行的列名代表第 i 关键字,跟在它后面的数字为 1 或 -1,如果是 1 则该关键字按升序排列,-1 则按降序排列。关键字之间不会重复,此部分行数不会超过列数。

输出:输出排好序的表格,第一行是表头,接下来 row 行是相应的元组。每个数据之间用一个空格分隔。请按原样输出数据。

输入样例	5 5 orderID food num buyDate price INT VARCHAR INT DATE REAL 1 apple 5 2020-1-09 34.55 2 banana 10 2020-01-9 129.98 3 juice 1 2019-12-21 10.209 4 apple 3 2020-01-09 32.2 5 apple 2 2020-1-9 20.1 buyDate 1 food -1 price 1	输出样例	orderID food num buyDate price 3 juice 1 2019-12-21 10.209 2 banana 10 2020-01-9 129.98 5 apple 2 2020-1-9 20.1 4 apple 3 2020-01-09 32.2 1 apple 5 2020-1-09 34.55

7.3　题集解析及参考程序

题 7-1 解析　结构应用:工作 DDL

问题分析:本题考查的知识是结构和数组,是一道比较基础的题,根据问题描述,建立一个结构数组,储存完成工作所需时间和截止时间;按结构体中的截止时间对结构体进行排序,然后线性判断每一个任务是否能够完成。

实现要点:采用结构类型定义 ddl,结构内包括了完成所需时间和截止时间(见代码第 1~4 行)。首先按照截止时间升序将所有的 ddl 排序(见代码第 15 行),之后维护一个当前时间 t,初始值为 0,for 循环从头遍历所有的 ddl(见代码第 18~23 行),对于第 i 个 ddl,若满足 $t + t_i <= d_i$,则答案计数器加 1,当前时间 t 加上 t_i,否则忽略这个 ddl,继续循环。遍历一遍之后输出答案计数器的值即可。参考代码片段如下:

```
1    struct ddl
2    {
3        int t,d;
```

```
4        } a[1005];
5        int n,i,t,ans;
6        int cmp(const void * a,const void * b)
7        {
8            return( * (struct ddl * )a).d - ( * (struct ddl * )b).d;
9        }
10       int main()
11       {
12           scanf(" % d",&n);
13           for(i = 0; i<n; i ++ )
14               scanf(" % d % d",&a[i].t,&a[i].d);
15           qsort(a,n,sizeof(struct ddl),cmp);
16           t = 0;
17           ans = 0;
18           for(i = 0; i<n; i ++ )
19               if(t + a[i].t < = a[i].d)
20               {
21                   ans ++ ;
22                   t + = a[i].t;
23               }
24           printf(" % d\n",ans);
25           return 0;
26       }
```

题 7 - 2 解析   结构应用：数据编码问题

问题分析：本题考查排序与结构体。对于输入数据的处理,使用结构体操作性较好;用一个结构来储存每一个数据：double 类型的身高值,char[]类型的身高值(为了方便按照原格式直接输出),int 类型的 order 值表示输入的顺序,int 类型的 rank 值表示排序后的顺序。读取数据之后进行两次排序并标好 rank 值就行。

实现要点：每个身高值以 char[]类型输入,用 atof()函数转成 double,首先使用 qsort()函数(见代码第 36 行)按身高对结构进行排序,排序后遍历一遍标好 rank 值,编写函数 gen_rank()来实现这一部分(见代码第 18~27 行),然后使用 qsort()函数按照 order 值进行排序(见代码第 38 行),恢复为输入时候的顺序,而后输出。参考代码片段如下：

```
1        struct data_t
2        {
3            double value;
4            int order;
5            int rank;
6            char str[30];
7        } list[200002];
8        int s_rank(const struct data_t * p1,const struct data_t * p2)
9        {
10           if((p1 - >value - p2 - >value)<0) return 1;
```

```
11          else return 0;
12   }
13   int s_order(const struct data_t * p1,const struct data_t * p2)
14   {
15        return(p1 - >order - p2 - >order);
16   }

17   void gen_rank(struct data_t data[],int n) //排序后给 rank 值标号
18   {
19        int i;
20        data[0].rank = 1;
21        for(i = 1; i<n; i++)
22            if(data[i].value == data[i-1].value)
23                data[i].rank = data[i-1].rank;
24            else
25                data[i].rank = data[i-1].rank + 1;
26   }

27   int main()
28   {
29        int i,n;
30        for(n = 0; scanf(" % s",list[n].str) ! = EOF; n++)
31        {
32            list[n].value = atof(list[n].str);
33            list[n].order = n;
34        }
35        qsort(list,n,sizeof(struct data_t),s_rank);//先按照大小排序
36        gen_rank(list,n);//标 rank
37        qsort(list,n,sizeof(struct data_t),s_order);//按照 order 排序为输入的顺序
38        for(i = 0; i<n; i++)
39        {
40            if(i ! = 0)
41                putchar(' ');
42            printf(" % d: % s",list[i].rank,list[i].str);
43        }
44        return 0;
45   }
```

题 7 - 3 解析　结构应用：按要求选择钢管

问题分析：本题考查结构和数组。每一根钢管有三个信息：长度、直径和编码；可以使用结构体来储存钢管的数据，然后单独定义一个变量记录最符合题意的钢管的编号，遍历所有的钢管对它进行更新即可。

实现要点：用一个 while 循环（见代码第 10~21 行），循环过程中实现对于两根钢管的比较；先比长度，长度小于目前最优的直接淘汰，如果相等则比较直径（宽度）；直径大于目前最优

的淘汰,如果直径相等则比较编码;编码小于目前最优的淘汰,如果大于则更新,继续循环。参考代码片段如下:

```
1    struct wipe
2    {
3        int len;
4        int r;
5        int num;
6    };
7    int t,n,i,max;
8    struct wipe a[1001];
9    scanf("%d",&t);
10   while(t--)
11   {
12       scanf("%d",&n);
13       max = 0;
14       for(i=0; i<n; i++)
15           scanf("%d%d%d",&a[i].len,&a[i].r,&a[i].num);
16       for(i=0; i<n; i++)
17       {
18           if((a[i].len>a[max].len) ||(a[i].len == a[max].len && a[i].r<a[max].r) ||
19               (a[i].len == a[max].len && a[i].r == a[max].r && a[i].num>a[max].num))
20               max = i;
21       }
22       printf("%d\n",a[max].num);
23   }
```

题 7-4 解析 结构应用: OJ ratings

问题分析: 本题考查基本的结构数组。可以使用结构体存储用户的各种信息,接着遍历结构体数组,按照题目要求进行寻找目标值即可。

实现要点: 由于 uid 的范围不大,可以直接用 int 存储,方便比较。比较时需注意关键字之间的优先级,参考代码片段如下:

```
1    #define M 111111
2    typedef struct User;
3    struct User {
4        int uid,rat;
5        char na[20];
6    };
7    User u[M];
8    int n,mx;
9    int main()
10   {
11       int i;
```

```
12        scanf("%d",&n);
13        for(i=0; i<n; i++)
14        {
15            scanf("%s%d%d",u[i].na,&u[i].uid,&u[i].rat);
16            if(u[i].rat>u[mx].rat ||(u[i].rat == u[mx].rat && u[i].uid<u[mx].uid))
17                mx = i;
18        }
19        printf("%s %d %d\n",u[mx].na,u[mx].uid,u[mx].rat);
20        return 0;
21    }
```

题 7-5 解析　结构应用：寻找爱好相同的人

问题分析：本题考查基本的结构数组。可以使用结构体或者三个一维数组来储存每个人的爱好，然后二维循环判断每两个人之间的关系，用一个变量 ans 记录爱好相同的人数。

实现要点：注意到两个人的关系只需要判断一遍，所以不需要和自己之前的人比。用一个两层循环来实现（见代码第 10～13 行），外层循环 i 从 1 到 n，内层循环 j 从 $i+1$ 开始，然后每次比较 i,j 两人是否爱好相同。参考代码片段如下：

```
1    #define MAXN 100
2    struct node
3    {
4        int a,b,c;
5    } p[MAXN + 10];
6    int n,i,j,ans = 0;
7    scanf("%d",&n);
8    for(i=1; i<=n; i++)
9        scanf("%d%d%d",&p[i].a,&p[i].b,&p[i].c);
10   for(i=1; i<=n; i++)
11       for(j=i+1; j<=n; j++)
12           if((p[i].a == p[j].a) +(p[i].b == p[j].b) +(p[i].c == p[j].c)>=2)
13               ans++;
14   printf("%d\n",ans);
```

题 7-6 解析　结构应用：辅导员的生日推送

问题分析：本题考查结构数组以及结构体排序。可以使用结构体来存储所有学生的信息，然后按照题目要求设计快速排序的比较函数。最后按要求遍历输出即可。

实现要点：注意到题目中的日期不含前导零，故可以使用 int 进行存储和比较，同日期时按照字典序排序需使用 strcmp() 函数进行比较。最后输出时注意判断是相同日期还是不同日期，参考代码片段如下：

```
1    struct infmt {
2        char s[51];
3        int y,m,d;
```

```
4        } a[50003];
5        int cmp(const void * p1,const void * p2)
6        {
7            if(((struct infmt * )p1) ->m ! = ((struct infmt * )p2) ->m)
8                return(((struct infmt * )p1) ->m - ((struct infmt * )p2) ->m;
9            if(((struct infmt * )p1) ->d ! = ((struct infmt * )p2) ->d)
10               return(((struct infmt * )p1) ->d - ((struct infmt * )p2) ->d;
11           return strcmp((((struct infmt * )p1) ->s,((struct infmt * )p2) ->s);
12       }

13       int main()
14       {
15           int n,i;
16           scanf(" % d",&n);
17           for(i=1; i <= n; i++)
18               scanf(" % s % d: % d: % d",&a[i].s,&a[i].y,&a[i].m,&a[i].d);
19           qsort(a+1,n,sizeof(a[0]),cmp);
20           printf(" % d: % d % s",a[1].m,a[1].d,a[1].s);
21           for(i=2; i <= n; i++)
22               if(a[i].d ! = a[i-1].d || a[i].m ! = a[i-1].m)
23                   printf("\n % d: % d % s",a[i].m,a[i].d,a[i].s);
24               else
25                   printf(" % s",a[i].s);
26           return 0;
27       }
```

题 7-7 解析 链表应用：再解约瑟夫问题

问题分析：本题主要考查链表和队列。可以创建一个链表来模拟 *n* 个人围成一圈的情况，该链表的每个结点是一个结构体（代表一个人），结构体包括一个人的编号和一个指针指向下一个结点（即下一个人），最后一个结点的指针指向第一个结点（即第一个人）；游戏的过程可模拟为从头链表开始每隔 2 个链表删除一个链表，直到只剩一个链表指向本身；该链表所对应的编号即是最后的答案。

实现要点：本题编写了一个 struct number * count(int n)函数来实现链表结点的初始化以及模拟游戏删除链表结点的过程；首先遍历一遍对每个结构体的编号进行赋值（见代码第 21～33 行）以及实现结构体之间的连接，形成链表，然后用一个 while 循环（见代码第 36～42 行）完成每隔两个链表结点删除一个结点，直到只剩一个结点本身，返回该指针。参考代码片段如下：

```
1     # define Len sizeof(struct number)
2     struct number          //构建结构体
3     {
4         int num;           //用于计数
5         struct number * next;
```

```
6        };
7        int main()
8        {
9            int n;
10           struct number * pt;
11           struct number  * count(int n);
12           scanf(" % d",&n);
13           pt = count(n);                    //引用函数
14           printf(" % d",pt ->num);
15           return 0;
16       }
17       struct number * count(int n) //返回指针的函数,该指针是一个结构体指针,函数形参为整型
18       {
19           struct number * head, * p1, * p2, * tail;
20           int i;
21           head = p1 = p2 = (struct number * )malloc(Len); //定义第一个链表的结点
22           p2 ->num = 1;                              //为第一个结点赋值
23           for(i = 2; i<n; i ++ )
24           {
25               p1 = (struct number * )malloc(Len); //定义链表的新结点 ,作为原链表下一个结点
26               p2 ->next = p1;
27               p1 ->num = i;
28               p2 = p1;
29           }
30           tail = (struct number * )malloc(Len);   //定义链表的最后一个结点
31           p2 ->next = tail;            //原链表尾结点指向新定义的最后一个结点,作为新的尾结点
32           tail ->num = n;
33           tail ->next = head;               //链表的新尾结点指向链表的头结点,构成循环链表
34           p1 = head;
35           p2 = NULL;
36           while(p1 ! = p2)               //每隔两个结点删除一个结点,最终会剩下一个结点
37           {
38               p2 = p1 ->next;
39               p1 = p2 ->next;
40               p2 ->next = p1 ->next;
41               p1 = p2 ->next;
42           }
43           return(p1);                    //返回最后剩的链表结点
44       }
```

题 7-8 解析　结构联合应用：数据表排序

　　问题分析：本题较为综合,考查结构联合以及排序。注意到各个数据类型是并列的,故可以使用结构体嵌套联合体的方式进行数据的存储。本题设计时可以采取模块化思想,分为数据读取、结构体进行排序、按照题目格式输出等模块进行设计。

实现要点：读入时采用 strcmp() 判断数据格式，并利用 sscanf() 对不同类型的数据进行格式化读取。之后设计快速排序的 cmp() 函数，对不同数据格式应用不同的比较规则进行排序，最后按照要求进行输出即可，参考代码片段如下：

```c
1   #define ROWNUM 1007
2   #define COLNUM 107
3   #define LEN 107
4   #define INT 0
5   #define REAL 1
6   #define VARCHAR 2
7   #define DATE 3
8   int type[COLNUM],sp[COLNUM][2],row,col,n;
9   char title[COLNUM][LEN];
10    typedef struct table
11    {
12        union attr
13        {
14            char varchar[LEN];
15            double real;
16            int date;
17            int intNum;
18        } A;
19        char rawData[LEN];
20    } T;
21    T t[ROWNUM][COLNUM];

22    void readTable() //完成数据的读取
23    {
24        int i,j,y,m,d;
25        char typeString[LEN];
26        scanf("%d%d",&row,&col);
27        for(i=0; i<col; i++)
28            scanf("%s",title[i]);
29        for(i=0; i<col; i++)
30        {
31            scanf("%s",typeString);
32            if(strcmp(typeString,"INT")==0)
33                type[i]=INT;
34            else if(strcmp(typeString,"REAL")==0)
35                type[i]=REAL;
36            else if(strcmp(typeString,"VARCHAR")==0)
37                type[i]=VARCHAR;
38            else
39                type[i]=DATE;
40        }
```

```
41      for(i = 0; i<row; i ++ )
42          for(j = 0; j<col; j ++ )
43          {
44              scanf("%s",t[i][j].rawData);
45              switch(type[j])   //判断数据格式,对不同类型的数据进行格式化读取
46              {
47                  case INT:
48                      sscanf(t[i][j].rawData,"%d",&t[i][j].A.intNum);
49                      break;
50                  case REAL:
51                      sscanf(t[i][j].rawData,"%lf",&t[i][j].A.real);
52                      break;
53                  case VARCHAR:
54                      sscanf(t[i][j].rawData,"%s",t[i][j].A.varchar);
55                      break;
56                  case DATE:
57                      sscanf(t[i][j].rawData,"%d-%d-%d",&y,&m,&d);
58                      t[i][j].A.date = d + m * 100 + y * 10000;
59                  default:
60                      break;
61              }
62          }
63  }


64  void readSP() //读入关键字的顺序
65  {
66      int i;
67      char colName[LEN];
68      while(~scanf("%s %d",colName,&sp[n][1]))
69      {
70          for(i = 0; i<col; i ++ )
71              if(strcmp(colName,title[i]) == 0)
72              {
73                  sp[n][0] = i;
74                  break;
75              }
76          n ++ ;
77      }
78  }


79  int cmp(const void * a,const void * b)//针对不同数据格式应用不同的比较规则进行排序
80  {
81      T * t1 = (T * )a, * t2 = (T * )b;
82      int i,c,sgn,ret = 0;
83      for(i = 0; i<n; i ++ )
```

```
84          {
85              c = sp[i][0];
86              sgn = sp[i][1];
87              switch(type[c])
88              {
89                  case VARCHAR:
90                      ret = sgn * strcmp(t1[c].A.varchar,t2[c].A.varchar);
91                      break;
92                  case INT:
93                      ret = sgn * (t1[c].A.intNum - t2[c].A.intNum);
94                      break;
95                  case REAL:
96                      if(t1[c].A.real - t2[c].A.real>0)
97                          ret = sgn * 1;
98                      else if(t1[c].A.real - t2[c].A.real<0)
99                          ret = sgn * -1;
100                     else
101                         ret = 0;
102                     break;
103                 case DATE:
104                     ret = sgn * (t1[c].A.date - t2[c].A.date);
105                 default:
106                     break;
107             }
108             if(ret != 0)
109                 return ret;
110         }
111     return 0;
112 }

113 void printTable()    //按指定格式输出
114 {
115     int i,j;
116     for(j = 0; j<col; j++)
117         printf("%s ",title[j]);
118     putchar('\n');
119     for(i = 0; i<row; i++)
120     {
121         for(j = 0; j<col; j++)
122             printf("%s ",t[i][j].rawData);
123         putchar('\n');
124     }
125 }

126 int main()
```

```
127  {
128      readTable();
129      readSP();
130      qsort(t,row,sizeof( * t),cmp);
131      printTable();
132      return 0;
133  }
```

7.4　本章小结

本章主要内容是采用结构、链表和联合形式的数据结构解决问题。需要掌握结构类型与结构变量的定义方法,掌握结构成员的访问方法和结构数组;掌握结构数组与结构指针的用法;了解联合的概念和链表的定义;掌握静态链表的创建、动态链表的创建与逆置等相关操作。

第8章 I/O 和文件操作

要利用长期保存的数据,就需要内存跟文件进行相互的数据复制,也就是输入输出。从内存复制到文件是输出,从文件复制到内存是输入。操作系统所有的输入输出都是这种模式,即有名称标志的设备之间相互复制数据,这些设备还包括网络、终端等。为了把文件的概念抽象化,把所有这些具有名称标志的设备统一叫作文件。操作系统统一采用文件的机制进行输入输出的管理。输入输出(I/O)和文件操作是程序设计中重要的一部分,通过输入为程序提供数据进行处理,通过输出将处理结果进行显示或存储。本章主要内容包括:文件的概念、打开和关闭;正文格式读写文件;非顺序读写;二进制格式读写文件。其基本知识结构如图 8.1 所示。

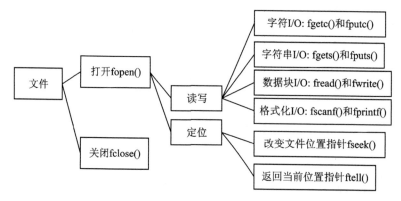

图 8.1 本章知识结构

8.1 本章重难点回顾

8.1.1 二进制文件操作

每个 C 程序运行时,至少需要一些输入输出设备才能正常运行。所以系统自动打开和关闭三个标准设备,也即标准文件:标准输入 stdin、标准输 stdout 以及错误信息输出 stderr。标准文件的输入输出函数省略了对这些文件的说明和打开关闭操作。

(1)文件打开。

```
FILE * fopen(const char * path,const char * mode);
```

该函数的返回值是一个 FILE * 类型的指针,指向被打开的文件。随后的读写操作中,都需要使用这一指针说明所操作的文件。如果文件打开不成功,则返回 NULL。path 是一个字符串,指定需要打开的文件的路径名,它是文件的唯一标识。mode 是一个字符串,具体指定的文件打开方式如表 8.1 所列。

表 8.1 指定的文件打开方式

	含 义	模 式
"r"	读方式,当文件不存在时打开失败	正文模式
"w"	写方式,当文件存在时内容被清空	
"a"	追加方式,将数据写到文件末尾。当文件不存在时创建该文件	
"r+"	读写方式,读写位置在文件开头处	
"w+"	读写方式,当文件存在时清空该文件	
"a+"	读和追加方式,将数据写到文件末尾。当文件不存在时创建该文件	
"rb" "wb" "wb+" "ab" "ab+" "a+b"	跟上面的方式类似,但是以二进制模式而不是正文模式打开文件	二进制模式

(2) 文件关闭。

```
int fclose(FILE * fp);
```

fp 是打开文件时得到的指针,指向被打开的文件,功能是关闭 fp 指向的文件,使文件指针与文件"脱钩",释放文件结构体和文件指针。文件正常关闭时,返回值为 0;文件关闭出错时,返回值为非 0。注意:不关闭文件可能会丢失数据。

例 8 - 1 以二进制方式打开一个当前目录下名为 aa. dat 的文件,并写入一个浮点数组。

```
1    int i;
2    float a[2] = {1.3f,2.2245f};
3    FILE   * fp;

4    fp = fopen("aa. dat","wb");
5    fwrite(a,4,2,fp);//将浮点数组写入文件
6    fclose(fp);
7    a[0] = 0;
8    a[1] = 0;//清 0
9    for(i = 0; i<2; i++ )
10       printf(" % f\n",a[i]);
11   fp = fopen("aa. dat","rb");
12   fread(a,8,1,fp); //将文件中的数据读入数组
13   fclose(fp);
14   for(i = 0; i<2; i++ )
15       printf(" % f\n",a[i]);
```

上述程序中,第 5 行 fwrite(a,4,2,fp)等价于

```
for(i = 0; i<2; i++ )
    fwrite(a[i],4,1,fp);
```

也等价于

```
fwrite(a,8,1,fp);
```

上述程序中的第 12 行 fread(a,8,1,fp)等价于

```
for(i = 0; i<2; i++)
    fread(&a[i],4,1,fp);
```

也等价于

```
fread(a,4,2,fp);
```

8.1.2 正文文件操作

按照正文格式读写是程序中常用的读写方式,主要为了生成和读入方便用户阅读的正文文件。常用的正文输入输出函数如表 8.2 所列。

表 8.2　常用的正文输入输出函数

对标准文件操作的 I/O 函数	对指定文件操作的正文 I/O 函数
int getchar(void)	int fgetc(FILE * fp)、int getc(FILE * fp)
int putchar(int c)	int fputc(int c,FILE * fp)、int putc(int c,FILE * fp)
char * gets(char * s)	char * fgets(char * s,int n,FILE * fp)
int puts(const char * s)	int fputs(const char * s,FILE * fp)
int printf(const char * format,…)	int fprintf(FILE * fp,const char * format,…)
int scanf(const char * format,…)	int fscanf(FILE * fp,const char * format,…)

(1) 非格式化输入函数:gets(char * s) 和 fgets(char * s,int n,FILE * fp)。

gets()函数从标准输入(键盘)读入一行数据,不读取换行符'\n',它会把换行符替换成空字符'\0',作为 C 语言字符串结束的标志。fgets()函数以第二个参数 n 说明缓冲区的长度,并最多读入 n−1 个字符。当缓冲区足够长时,fgets()函数将换行符'\n'作为读入数据的一部分。

(2) 非格式化输出函数:puts(const char * s) 和 fputs(const char * s,FILE * fp)。

puts()函数在输出了参数字符串 s 之后自动输出一个换行符'\n';fputs()函数只输出参数字符串 s。

(3) 字符 I/O 操作函数:fputc(int c,FILE * fp)与 fgetc(FILE * fp)。

fputc()函数将一个字节代码 c 输出到 fp 所指向的文件中,通常用于向文本文件中写入一个字符 c。返回值:输出成功则返回所输出的字符 c,失败则返回 EOF。fgetc()函数从 fp 所指向的文件中读入一个字节代码,通常用于从文本文件 fp 中读取一个字符 c,并返回所读的代码值,如发生错误或读到文件结束符失败则返回 EOF。

(4) 格式化输入输出函数:fprintf 与 fscanf。

按格式对文件进行 I/O 操作,原型分别为

int fprintf(FILE　　* fp,const char　　* format[,argument,…])

int fscanf(FILE　　* fp,const char　　* format[,address,…])

操作成功,返回 I/O 的个数;若操作出错或遇文件尾,则返回 EOF。

（5）字符串输入输出函数：　fgets 与 fputs

从 fp 指向的文件读/写一个字符串。原型分别为

char * fgets(char * s,int n,FILE * fp)

int fputs(char * s,FILE * fp)

fgets()函数从 fp 所指文件读最多 $n-1$ 个字符送入 s 指向的内存区,并在最后加一个'\0'。若读入 $n-1$ 个字符前遇到换行符或文件尾(EOF)即提前结束读入。fgets()函数正常时返回读取字符串的首地址;若读取出错或遇到文件尾,则返回 NULL。fputs()函数把 s 指向的字符串写入 fp 指向的文件。fputs()函数正常时返回值为写入的最后一个字符,若写入出错则返回值为 EOF。

8.1.3　文件读写操作中的定位

文件数据的读写一般可分为顺序读写和非顺序读写。其中,顺序读写是指新读入的数据是文件中紧跟在前一次读入数据后面的数据,新输出的数据紧接在文件前一次写入的数据后面;非顺序读写(随机读写)是指读完上一个字符后,不一定要读写其后继的字符,可以读写文件中任意所需的字符。常用函数包括读写定位函数 fseek()和获得文件当前读写位置的函数 ftell()。

（1）读写定位函数 fseek()。

```
int fseek(FILE * stream,long offset,int whence)
```

将 stream 指向文件的位置指针,移到以 whence 所指的位置为起始点、以 offset 为位移量的位置,同时清除文件结束标志。定位成功则返回非 0,否则返回 0。起始点 whence 可以是:SEEK_SET、SEEK_CUR、SEEK_END 三个符号常量,其值分别为 0、1、2,分别表示文件开始、文件当前位置、文件末尾;offset 是偏移量,必须是一个 long 类型的值,表示以起算点为基准、向前或向后移动的字节数,可以为:正(表示向文件尾部的方向的移动)、负(表示向文件头部的方向移动)、0(表示不动)。例如:

```
fseek(fp,0L,SEEK_SET); //定位到文件开始处
fseek(fp,10L,SEEK_SET); //定位到文件中第 10 个字节
fseek(fp,2L,SEEK_CUR); //从文件当前位置前移(往结尾处)2 个字节
fseek(fp,0L,SEEK_END); //定位到文件结尾处
fseek(fp, - 10L,SEEK_END); //从结尾处回退 10 个字节
```

（2）获得文件当前读写位置 ftell()。

long ftell(FILE * stream)

函数返回 stream 所指向的文件的当前位置(相对于文件头部的偏移量)。若操作成功则返回相对于文件头部的偏移量,若操作出错则返回 -1L。

例 8 - 2　编写程序从当前目录读入一个名为 in.txt 的文件,并将文件中的 * 用 & 代替。

本例中第 5 行表示读到'*'时,位置指针指向下一个位置,因此需要将位置指针回退 1 个位置,才能输出'&',从而完成将'*'替换的操作。第 7 行 fseek(fp,ftell(fp),SEEK_SET)在例程中不可缺少,它将文件指针 fp 指向下一个位置。

```
1    FILE * fp;
2    fp = fopen("in.txt","r+");
3    while(! feof(fp)) {
4        if(fgetc(fp) == '*') {
5            fseek(fp, -1L, SEEK_CUR);//读到'*',位置指针指向下一个位置
6            putc('&',fp);//输出'&'
7            fseek(fp,ftell(fp),SEEK_SET);
8        }
9    }
10   fclose(fp);
```

例 8 - 3   以二进制方式从当前目录的文件 in. dat 中读入文件内容并统计读入的块数和读操作完成后当前文件指针的位置。

```
1    int i = 0,len,buf[BUFSIZ];
2    FILE * fp;
3    fp = fopen("in.dat","rb");
4    if(fp == NULL) {
5        fprintf(stderr,"Can't open file\n");
6        return 1;
7    }
8    i = fread(buf,sizeof(int),BUFSIZ,fp);//数据以4字节为块读入 buf,返回读入的块数
9    len = ftell(fp);
10   printf(" % d int read,current position is: % d\n",i,len);
```

输入的文件如图 8.2 所示。

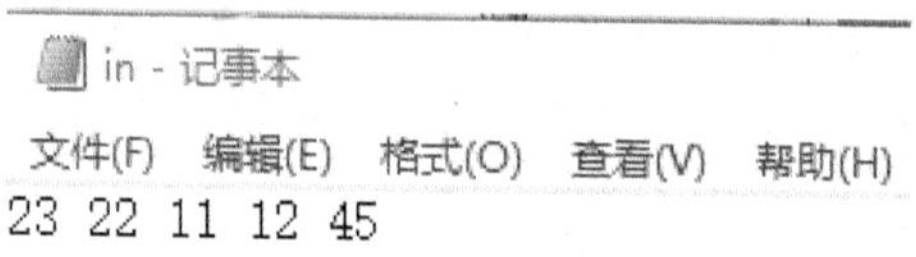

```
in - 记事本
文件(F)  编辑(E)  格式(O)  查看(V)  帮助(H)
23 22 11 12 45
```

图 8.2   例 8 - 3 的输入文件

输出如图 8.3 所示。

3 int read, current position is : 14

图 8.3   例 8 - 3 的输出

14 个字符占 14 个字节,但 fread()函数只能返回 3(即 i 的值为 3),表示完整地读入了"3块"。读完后文件指针指向末尾,如图 8.4 所示。

图 8.4   读入"3 块"的示意图

8.1.4　标准输入输出的重新定向

标准输入输出在默认情况下分别对应键盘和显示器。当程序需要对标准输入输出进行大量读写时,需要将标准输入输出重新定向,并将对键盘和屏幕的读写改为对指定文件的读写。重定向有以下几种方法:

① 在命令行模式下,使用重新定向操作符"<"和">"。具体为

```
programName < data.in> file.out
```

该语句的作用是在运行名为 programName 的程序时,将 data.in 指定为该程序的标准输入文件,将 file.out 指定为标准输出文件。

② 在程序中使用标准库函数 freopen() 进行标准输入输出重新定向。具体为

```
FILE * freopen(const char * path,const char * mode,FILE * fp)
```

该语句的作用是关闭由参数 fp 指向的已打开的输入输出文件,按参数 mode 打开由参数 path 指定的文件,并将其与参数 fp 相关联。其中,参数 mode 取值为"r"或"w",分别表示重定向后的文件用于"读"或"写";参数 fp 取值为 stdin 或 stdout,分别代表标准输入和标准输出。

例 8 - 4　随机产生 0~100 之间的随机整数,输出到当前目录的文件 file.out 中。

本例中的第 3 行将标准输出重定向到 file.out 文件,重定向之后第 8 行 printf() 函数将 rand() 函数生成的随机数由屏幕输出改为输出到 file.out 中。需要注意的是,重定向输出操作完成之后,需要将标准输出 stdout 关闭(见代码第 10 行)。

```
1    int i,n,data;
2    printf("How many data do you want(int 1~100): ");
3    freopen("file.out","w",stdout);//file.out 定位为 stdout
4    scanf("%d",&n);
5    for(i = 0; i<n; i++)
6    {
7        data = rand() % 101;
8        printf("%d",data); //输出到 file.out 中,而不是屏幕
9    }
10   fclose(stdout);
```

例 8 - 5　当前目录下的文件 file.in 中存放着不多于 MAXNUM 的整数(每个整数一行),从该文件读入这些整数,依次在屏幕打印输出,并要求计算出它们的和及平均值,输出到屏幕。

本例中第 1 行将标准输入重定向,指定从文件 file.in 读取数据,第 4~6 行完成数据的依次读入并输出到屏幕。同样需要注意的是,重定向读入操作完成之后,需要将标准输入 stdin 关闭(见代码第 13 行)。

```
1    freopen("file.in","r",stdin);  //file.in 成为 stdin
2    int i,n,sum = 0;
3    int data[MAXNUM];
4    for(n = 0; scanf("%d",&data[n]) == 1; n++);//依次读入文件中的数
```

```
5        for(i = 0; i<n; i++)   //通过 for 循环遍历输出第 4 行读入文件的数据
6            printf(" % d\n",data[i]);
7    printf("\n\n");
8    for(i = 0; i<n; i++)   //求和及计算平均值
9        sum + = data[i];
10   printf("num: % d\n",n);
11   printf("sum: % d\n",sum);
12   printf("average: %.2f\n",(float)sum / n);
13   fclose(stdin);
```

8.2 精编实训题集

题 8－1 标准文件操作的 I/O 函数：分析日期和时间

计算机显示的时间通常有特殊的格式,比如北京时间 2018 年 4 月 17 日 10 时 28 分 28 秒,可以用 17/Apr/2018:10:28:28 +0800 格式的字符串表示,请编程提取这个字符串中的每一项,在屏幕上按行单独显示出来。效果如图 8.5 所示。

图 8.5 题 8－1 效果图

题 8－2 标准文件操作的 I/O 函数：由参数确定输出的小数位数

从标准输入读入浮点数 $x(-10<x<10)$ 和整数 $m(0<m<13)$,在标准输出上输出 $\sin(x)$ 的值,保留到小数点后 m 位数字。例如：

输入：3.14   3
输出：0.002
输入：3.14   10
输出：0.0015926529

题 8－3 指定文件的读写函数：字符输入输出

从键盘输入字符,逐个存到当前目录下的文件 data.txt 中,同时也显示到屏幕上,直到输入 '#'。输入时首先给予提示"Please input string:";如果文件不存在,则在同一根目录下创建一个名为 data.txt 的新文件;如果文件是不可写,则输出"can not open file"。

题 8 - 4　指定文件的读写函数：读文本内容并显示

编写程序从当前目录下的文件 readfile. c 读取文件的所有内容并显示到屏幕上；如果该文件不存在，则输出"can not open file"。

题 8 - 5　指定文件的读写函数：文件复制

分别输入两个文件名，将文件内容从第一个文件(源文件)复制到第二个文件(目标文件)。如果源文件不存在，则输出"can not open infile"；如果目标文件不存在，则输出"can not open outfile"。

题 8 - 6　指定文件的读写函数：成绩表格

一个 $m \times n$ 的成绩表格(m 个同学，n 门课)以文本文件形式存放在当前目录，文件名为"data. txt"，求每门课的最高(低)成绩、每门课的平均成绩及每个同学的平均成绩。

题 8 - 7　指定文件的读写函数：格式化输入输出

从键盘以"字符串 整数"的指定格式读入数据存入当前目录下的文件 in. txt，从该文件读入数据并按"字符串 整数"的指定格式输出到屏幕。

题 8 - 8　文件读写函数的使用：日程列表

建立一个程序，用于创建日程列表，并存放于当前目录下一个名为 reminder 的文本文件中。在标准输入上输入一个或多个日程项，以空白行结束。每个日程项占一行，由日期和事项两部分组成，由空格分隔。日期的格式为 M. D，M 和 D 分别代表月和日；事项由日期后第一个非空白符至换行符之间的所有字符构成。日期创建程序可以多次调用，追加新的日程项。

题 8 - 9　读写操作的定位：求文件长度

输入文件名，求该文件的长度。若文件打开失败，则输出"file not found！"。

题 8 - 10　读写操作的定位：字符统计

从当前目录下的文件 in. txt 中读出以正文形式表示的整数，并统计整数字符总数。

题 8 - 11　读写操作的定位：文件倒置输出

将当前目录下的正文文件 invert. in 中的内容按行号逆序输出到标准输出中，即文件的最后一行首先输出，第一行最后输出，各行中内容保持不变。

8.3　题集解析及参考程序

题 8 - 1解析　标准文件操作的 I/O 函数：分析日期和时间

题解分析：本题要求从标准输入格式化读入字符串，<stdio. h>头文件中定义的字符串

构造函数 sscanf() 能够按要求的格式从缓冲区 buf 读入数据，其函数原型为

```
int sscanf(const char * buf,char * format [,argument]…)
```

其中，buf 代表读入到缓冲区中的字符串，format 代表指定的格式字符串（见代码第 4 行）。注意：在字符数组 mon 的最后一位加上字符串结束符'\0'，第 6 行才能使用 printf("%s") 进行字符串输出。

```
1    int day,year,h,m,s;
2    char mon[4],zone[6],buf[MAXNUM];
3    gets(buf);
4    sscanf(buf,"%d/%3c/%d:%d:%d:%d %s",&day,mon,&year,&h,&m,&s,zone);
5    mon[3] = '\0';
6    printf("%d\n%s\n%d\n%d\n%d\n%d\n%s",year,mon,day,h,m,s,zone);
```

题 8-2 解析　标准文件操作的 I/O 函数：由参数确定输出的小数位数

题解分析：本题如果直接用 printf("%.♯f",sin(x))，则需要用 switch 或 if 语句，有很多判断条件（这里 ♯ 是常数，值跟输入的 m 相同）。若使用字符串构造函数 sprintf() 将大大简化代码。sprintf() 常用于需要动态生成字符串的场合，其原型为

```
int sprintf(char * buf,char * format [,argument]...);
```

printf() 函数是按格式把输出送到屏幕上，而 sprintf() 函数是按格式（由 format 指定）把输出送到 buf 对应的字符数组。使用时需要注意 buf 对应的字符数组应足够大。参考代码片段如下：

```
1    int m;
2    double x;
3    char format[32];
4    scanf("%lf %d",&x,&m);
5    sprintf(format,"%%.%df\n",m);
6    printf(format,sin(x));
```

题 8-3 解析　指定文件的读写函数：字符输入输出

题解分析：以下参考代码片段完成了题目需求。代码中第 3～6 行的语句完成打开文件，并判断文件是否能够正常打开，注意这是打开文件时的一般写法。第 10 行 fputc() 函数将字符输出到文件，第 11 行 putchar() 函数则将字符输出到终端，第 12 行 getchar() 函数完成从键盘的输入。同时，读者应注意 fopen() 函数与 fclose() 函数的配对使用，完成文件的打开和关闭操作。

```
1    FILE * fp;
2    char ch, * filename = "data.txt";
3    if((fp = fopen(filename,"w")) == NULL) {
4        printf("can not open file\n");
5        return  0;
```

```
6      }
7      printf("Please input string:\n");
8      ch = getchar();
9      while(ch！='#'){
10         fputc(ch,fp);   //输出字符到文件
11         putchar(ch);   //输出字符到终端
12         ch = getchar(); //从键盘输入
13         }
14     fclose(fp);
```

题 8 - 4 解析　指定文件的读写函数：读文本内容并显示

题解分析：参考代码片段如下,代码中第 3～6 行的语句完成打开文件,并判断文件是否存在。需要注意的是,第 7 行 fgetc() 函数从文件指针 fp 所指向的文件中读取字符,直到遇到文件结束符。通常使用 while 循环加 EOF 判断作为读取结束的标志。这种写法是读取文本文件的常用写法,应掌握。

```
1      FILE * fp;
2      char ch, * filename = "readfile.c";
3      if((fp = fopen(filename,"r")) == NULL){
4          printf("cannot open file\n");
5          return 0;
6      }
7      while((ch = fgetc(fp))！= EOF)
8          putchar(ch);
9      fclose(fp);
```

题 8 - 5 解析　指定文件的读写函数：文件复制

题解分析：参考代码片段如下,代码中第 13 行 while(！feof(in)) 是读取二进制文件内容的一般实现框架,在该框架下,fgetc() 函数完成从指定二进制文件中读取文件内容直到遇到文件结束标志。EOF(即 -1)是文本文件结束的标志,不能作为二进制文件的结束标志,因为二进制文件正文中可能存在 -1 值。因此,在判断二进制文件是否结束时需要使用 feof() 函数,如果文件结束,则返回非 0 值,否则返回 0。

```
1      FILE * in, * out;
2      char infile[10],outfile[10];
3      scanf("% s",infile);
4      scanf("% s",outfile);
5      if((in = fopen(infile,"r")) == NULL) {
6          printf("Cannot open infile.\n");
7          return 0;
8      }
9      if((out = fopen(outfile,"w")) == NULL) {
10         printf("Cannot open outfile.\n");
```

```
11        return 0;
12    }
13  while(! feof(in)) //判断文件是否结束
14        fputc(fgetc(in),out);
15  fclose(in);
16  fclose(out);
```

题 8-6 解析　指定文件的读写函数：成绩表格

题解分析： 参考代码片段如下，代码中第 10 行 fscanf(fp,"%d",&grade[i][j])从文件中按格式读入数据，具体指二维数组中的元素以整数形式读入。以下代码给出了格式化 I/O 的框架，需要注意的是，由于篇幅限制，求最高（低）成绩、平均成绩等子函数的函数体并未在下面给出，具体实现思路可参考题 6-7。

```
1   int i,j,grade[100][10];
2   FILE * fp;
3   char ch, * filename = "data.txt";
4   if((fp = fopen(filename,"r")) == NULL)       {
5       printf("can not open file\n");
6       exit(0);
7   }
8   for(i = 0; i<stu; i++)
9       for(j = 0; j<course; j++)
10          fscanf(fp," % d",&grade[i][j]); //以整数格式从 fp 指向的文件中读入数据
11  max();//求最大值
12  min(); //求最小值
13  cou_grade_aver(); //求课程平均分
14  stu_grade_aver(); //求每位同学的平均分
```

题 8-7 解析　指定文件的读写函数：格式化输入输出

题解分析： 参考代码片段如下，代码中第 8 行 fscanf(stdin,"%s%d",s,&a)从标准输入按格式读入数据，第 15 行 fscanf(fp,"%s%d",c,&b)从文件按指定格式读入数据，从 stdin 文件读入时等同于 scanf()函数的功能；相应地，第 9 行 fprintf(fp,"%s %d",s,a)将数据按指定格式写文件，第 16 行 fprintf(stdout,"%s %d",c,b)写入到标准输出文件 stdout,此时等同于 printf()函数的功能。

```
1   char s[80],c[80];
2   int a,b;
3   FILE * fp;
4   if((fp = fopen("in.txt","w")) == NULL)
5   {
6       puts("can't open file"); exit(0) ;
7   }
8   fscanf(stdin," % s % d",s,&a);//从键盘读入
9   fprintf(fp," % s % d",s,a);//写入到文件
```

```
10    fclose(fp);
11    if((fp = fopen("in.txt","r")) == NULL)
12    {
13        puts("can't open file");  exit(0);
14    }
15    fscanf(fp,"%s%d",c,&b);//从文件读入
16    fprintf(stdout,"%s %d",c,b);//输出到屏幕
17    fclose(fp);
```

题 8-8 解析　文件读写函数的使用：日程列表

题解分析：参考代码片段如下，代码中第 7 行使用追加模式打开文件，完成题意中该程序可多次调用并追加新的日程项的需求。第 9、10 行首先将错误信息按照指定格式"Can't open file 文件名"输出到字符数组 buf，然后调用 perror() 函数将该错误信息输出到 stderr。第 13 行 fgets() 函数从标准输入 stdin 最多读 BUFSIZ−1 个字符送入 buf 指向的内存区。第 14、15 行表示如遇空行，则关闭文件并结束程序。此时，读入的数据已存放于字符数组 buf。第 18~20 行检查输入行的格式是否符合要求，如不符合<month>.<day><message>的格式就输出错误信息到 stderr，如符合则写入 fp 所指向的文件。

```
1     #define F_NAME "reminder"
2     int is_empty_line(char * );
3     int main() {
4         FILE * fp;
5         int m,d;
6         char buf[BUFSIZ];
7         fp = fopen(F_NAME,"a");   //以追加模式打开文件
8         if(fp == NULL){
9             sprintf(buf,"Can't open file %s",F_NAME);
10            perror(buf);
11            return 1;   }
12        while(1){
13            fgets(buf,BUFSIZ,stdin);
14            if(is_empty_line(buf)){
15                fclose(fp);
16                return 0;
17            }
18            if(sscanf(buf,"%d.%d",&m,&d)! = 2){   //以指定格式从缓冲区读入数据
19                fputs("Input format:<month>.<day><message>\n",stderr);
20                continue;
21            }
22            fputs(buf,fp);
23        }
24    }
25    int is_empty_line(char * s) {
26        for(; * s! = '\0'; s++)
```

```
27          if(! isspace( * s))   return 0;
28      return 1;
29  }
```

题 8-9 解析   读写操作的定位：求文件长度

题解分析：参考代码片段如下,代码中第 9 行使用 fseek()函数定位到文件指针 fp 所指向的文件的结尾处,之后调用 ftell()函数返回文件指针 fp 所指向的文件的当前位置,即相对于文件头部的偏移量,在本例中即为要求的文件长度。

```
1   FILE * fp;
2   char filename[80];
3   long length;
4   gets(filename);
5   fp = fopen(filename,"rb");
6   if(fp == NULL)
7       printf("file not found! \n");
8   else {
9       fseek(fp,0L,SEEK_END); //定位到 fp 指向的文件结尾处
10      length = ftell(fp);
11      printf("Length of File is % 1d bytes\n",length);
12      fclose(fp);
13  }
```

题 8-10 解析   读写操作的定位：字符统计

题解分析：参考代码片段如下,代码中第 6 行完成整数的格式化输入,输入完成后指针位置已指向文件结尾,此时再通过调用 ftell()函数(见代码第 9 行)计算字符个数(相对于文件头部的偏移量),即求得整数字符的总数量。

```
1   int i = 0,len,buf[BUFSIZ];
2   FILE * fp;
3   fp = fopen("in. txt","r");
4   while(! feof(fp))
5   {
6       fscanf(fp," % d",&buf[i]); //以整数格式从 fp 指向的文件中读取数据
7       i ++ ;
8   }
9   len = ftell(fp);
10  printf(" % d int read,current position is: % d\n",i,len);
```

题 8-11 解析   读写操作的定位：文件倒置输出

题解分析：根据题意,本例将文件内容以行为单位逆序输出,那么可以建立一个一维数组,首先保存各行第一个字符在文件中的偏移量;然后根据偏移量,由循环变量控制逆序输出各行。参考代码片段如下,代码中第 9、10 行中,fgets()函数表示读取一行,因而该循环语句

获得了每行第一个字符相对于文件头部的偏移量并将它们存于数组 offset。第 11～14 行则完成按行倒序输出,其中 fseek() 函数从 $n-2$ 开始输出,将文件读取位置定位到最后一行开始处,然后通过 fgets() 函数按行读取到字符数组 buf 中,并最终由 fputs() 函数输出到屏幕。

```
1    int i,n;
2    char buf[BUF_LEN], * f_name = "invert.in";
3    FILE * fp;
4    fp = fopen(f_name,"r");
5    if(fp == NULL){
6        fprintf(stderr,"Can't open % s\n",f_name);
7        return 1;
8    }
9    for(n = 1; fgets(buf,BUF_LEN,fp) != NULL; n ++ ) {
10       offset[n] = ftell(fp); //获取偏移量
11       for(i = n-2; i >= 0; i -- ){
12           fseek(fp,offset[i],SEEK_SET);
13           fgets(buf,BUF_LEN,fp);
14           fputs(buf,stdout);
15       }
16   }
```

8.4　本章小结

文件是当今计算机系统不可或缺的部分。计算机要处理数据,就不可避免地要与文件打交道,也就是输入和输出数据。本章举例讲解了 C 语言操作文件的基本流程和相关的函数。通过本章的学习,读者应理解文件的基本概念,掌握文件操作的基本流程,能够利用各类函数操作正文格式文件(文本文件),并了解文件读写定位功能和二进制文件的基本操作。

第9章　C语言程序设计综合训练

9.1　程序设计基本方法

9.1.1　程序设计基本过程

程序设计基本过程分为以下几步：

① 问题分析：功能描述、输入输出分析、性能要求、错误处理、测试数据等（见表9.1）；

② 方案设计：数学建模(问题抽象)、算法设计与描述、数据结构选择、任务分解、时间复杂度分析、空间复杂度分析等（见表9.2）；

③ 编码：语言选择、根据算法流程编码、代码检查与优化、代码注释等；

④ 调试：调试工具、调试方法、问题定位、标准输入输出重定向、调试日志等。

例9-1 求二维平面上任意两条直线的交点（见图9.1）。

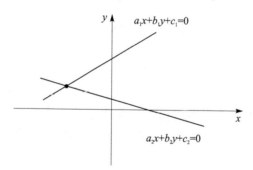

图 9.1　例 9-1 用图

表 9.1　问题分析

问题分析	
功能描述	求解两条直线的交点
输入输出分析	键盘输入直线的方程系数,屏幕输出交点坐标
性能要求	简单问题,无特殊性能要求
错误处理	输入直线方程系数的合法性判断,直线平行时的处理
测试数据	测试特殊情况下的直线,例如直线垂直于坐标轴的情况

表 9.2　方案设计

方案设计	
数学模型(问题抽象)	求解二元一次方程组的根
算法设计与描述	消元，注意除零处理 $x=\dfrac{b_1c_2-b_2c_1}{a_1b_2-a_2b_1}$，$y=\dfrac{a_2c_1-a_1c_2}{a_1b_2-a_2b_1}$
数据结构选择	简单问题，采用一般变量或简单数组即可
任务分解	简单问题，无需任务分解
时间复杂度分析	简单问题，在常数时间内完成，无需特殊空间存储需求
空间复杂度分析	

代码如下：

```
1   #include<stdio.h>
2   #include<math.h>
3   #define eps 1e-6
4   int main()
5   {
6       double a1,a2,b1,b2,c1,c2;
7       double x,y;
8       if(scanf("%lf%lf%lf",&a1,&b1,&c1)==3
9       && scanf("%lf%lf%lf",&a2,&b2,&c2)==3)
10      {
11          if(fabs(a1*b2-a2*b1)<eps) //平行
12              printf("Parallel Lines!\n");
13          else//不平行
14          {
15              y=(a2*c1-a1*c2)/(a1*b2-a2*b1);
16              x=(b1*c2-b2*c1)/(a1*b2-a2*b1);
17              printf("(%f,%f)\n",x,y);
18          }
19      }
20      else
21          printf("Invalid Lines\n");
22      return 0;
23  }
```

最后是调试，一般的 IDE 都带有调试工具，图 9.2 所示为 Code Blocks 软件的调试工具。该工具支持断点、单步执行等基本调试命令。

图 9.2　Code Blocks 软件的调试工具

注意：问题分析是明确用户需求的过程，确定程序的功能、输入数据的形式、范围与格式，

201

输出结果的形式、性能要求、容错处理以及核心难点或技术关键,是将一个实际问题转化为一个程序问题的第一步。例如:实际问题是"写一个程序,实现矩阵相乘的功能",转化为程序问题时,需要确定:① 矩阵的规模有多大;② 矩阵元素如何保存;③ 矩阵元素的类型是什么;④ 矩阵的大小如何给定;⑤ 矩阵乘积的结果保存在哪里;⑥ 对于算法的执行时间有没有要求;⑦ 内存空间有没有限制……此外,程序功能的描述一定是确定性的,要尽可能的细致,并且要明确输入数据的来源、范围和格式,以及输出数据的去向和格式。

9.1.2 程序性能分析

程序占用的系统资源主要分为时间(运行时间)资源和空间(存储空间)资源。程序的性能和问题的规模有关,同一个问题规模下谈程序性能才有意义。一般用时间复杂度(time complexity)和空间复杂度(space complexity)来分析程序的性能。同一个问题可能有不同的算法去解决,不同算法的优劣主要通过时间复杂度和空间复杂度去衡量。

1. 时间复杂度

算法中基本操作的执行次数之和记为 $f(n)$,其中 n 为问题的规模。假如一个算法的基本操作执行次数之和为 $f(n)=n^3+2n^2+2n+1$,当 $n\to\infty$ 时,$f(n)/n^3=1$,即趋向一个不为零的正数,所以 $f(n)$ 与 n^3 同阶无穷大,也称 $f(n)$ 与 n^3 为同数量级,则该算法的时间复杂度记为 $T(n)=O(n^3)$。常用的时间复杂度函数 $T(n)$ 有:1(常数阶)、$\log_2 n$(对数阶)、n(线性阶)、$n\log_2 n$(线性对数阶)、n^2(平方阶)、n^3(立方阶)、2^n(指数阶)、$n!$(阶乘阶)等。

例9-2 常见算法的时间复杂度分析。

(1)队列的入队出队。

```
1    //一个 int 型队的实现
2    int quene[MAX_N],head = 0,tail = 0;
3    void put(int v)//入队
4    {
5        queue[tail ++ ] = v;
6    }
7    int get()//出队
8    {
9        return queue[head ++ ];
10   }
```

出入队列的基本操作(取队首元素或放入元素到队尾)次数与问题的规模(即队列的长度 n)无关,时间复杂度为常量 $O(1)$。

(2)二分(折半)查找。

```
1    //binary find,non - recursive version
2    int bin_find(int b[],int key,int low,int high)
3    {
4        int mid;
5        while(low < = high)
6        {
7            count_find ++ ;
```

```
8          mid = (low + high)/2;
9          if(key == b[mid])
10             return mid;
11         else if(key<b[mid])
12             high = mid - 1;
13         else
14             low = mid + 1;
15     }
16     return - 1;
17 }
```

每查找一次,排除所查找数组的一半元素,即除以 2,直到只剩一个元素(最坏情况)。平均基本操作(与关键字的比较)执行的次数为: $(\log_2 n + 1) / 2$,$n \to \infty$ 时,$((\log_2 n + 1) / 2) / \log_2 n = 1/2$,所以 $T(n) = O(\log_2 n)$。

(3) 线性查找。

```
1  int find(const int x[],int key,int SIZE)
2  {
3      int j;
4      for(j = 0; j<SIZE; j++ )
5          if(x[j] == key)
6              return j;
7      return - 1;
8  }
```

最好的情况下查找 1 次,最坏的情况下查找 n 次,平均查找 $(n+1) / 2$ 次,所以 $T(n) = O(n)$。

(4) 冒泡排序。

```
1  void bubbleSort(int a[],int n)
2  {
3      int i,j,hold;
4      for(i = 0; i<n - 1; i++ )
5          for(j = 0; j<n - 1 - i; j++ )
6              if(a[j]>a[j + 1])
7              {
8                  hold = a[j];
9                  a[j] = a[j + 1];
10                 a[j + 1] = hold;
11             }
12 }
```

基本操作(相邻两个位置元素的交换)的执行次数: $1+2+3+\cdots+n-1 = \dfrac{n(n-1)}{2}$,所以时间复杂度为 $T(n) = O(n^2)$。

2. 空间复杂度

空间复杂度是对一个算法在运行过程中临时占用存储空间大小的量度,是问题规模 n 的函数。例如,对长度为 n 的数组进行选择/冒泡排序,空间复杂度为常数 $O(1)$,与问题规模 n 无关。目前,计算机硬件资源已经十分丰富,除非进行嵌入式开发,否则一般情况下空间资源不再是一个程序性能的瓶颈。空间复杂度和时间复杂度往往相互影响,一般来说追求时间往往耗费空间,反之亦然。

例 9-3 打印斐波那契数列的前 n 项。

```
   //解法一
1  void printfib(int n)
2  {
3      int i;
4      for(i=1; i<=n; ++i)
5          printf("%d",fib2(i));
6      printf("\n");
7  }

8  int fib2(int n)
9  {
10     int a=1,b=1,c=0,i;
11     if(n==1 || n==2)
12         return 1;
13     for(i=3; i<=n; ++i)
14     {
15         c=a+b;
16         a=b;
17         b=c;
18     }
19     return c;
20 }
```

解法一的时间复杂度是 $O(n^2)$,空间复杂度是 $O(1)$,其中空间复杂度与问题的规模无关,但时间复杂度较高。

```
   //解法二
1  int fib_array[1000];
2  void printfib2(int n) //实参 n 小于 1000
3  {
4      int i;
5      fib_array[0]=fib_array[1]=1;
6      for(i=2; i<n; ++i)
7          fib_array[i]=fib_array[i-1]+fib_array[i-2];
8      for(i=0; i<n; ++i)
9          printf("%d",fib_array[i]);
10     printf("\n");
11 }
```

解法二的时间复杂度是 $O(n)$，空间复杂度都是 $O(n)$。与解法一相比，该方法的时间复杂度较低，提高了空间复杂度，即用空间换取时间。两种方法各有优势，在解决实际问题时，根据具体情况确定哪种方法更适合。

注意：递归函数虽然形式简单，但是每次递归调用都会在函数调用栈上分配空间，因此占用较多的存储空间。递归函数所需要的局部变量存储空间＝递归最大深度×单次递归所需要的局部变量存储空间。因此，递归深度要有限，否则会导致函数调用栈溢出。

9.1.2　程序中的错误处理

1. 用户操作引起的外部错误及常用解决方法

用户操作引起的外部错误如输入数据格式、范围、类型等。在实际应用中，处理这类错误的常用方法是对用户输入的数据进行格式检查，包括个数、范围、类型等，如果不满足可以提示用户重新输入。

用户操作引起的外部错误还包括操作步骤错误。例如，操作一个硬件，应该先初始化。处理这类错误的常用方法是对用户的操作步骤进行检查，如果没有按照顺序操作，须进行提示并拒绝执行。

例 9 - 4　强制用户每行至少输入三个整数。若用户本次输入不满足要求，输出"The input is wrong，please check and input again"，并要求用户继续输入，直到满足要求。

```
1    int main()
2    {
3        char line[100] = "";
4        int a,b,c;
5        while(fgets(line,100,stdin) == NULL || sscanf(line," %d %d %d",&a,&b,&c)<3)
6            printf("The input is wrong,please check and input again \n");
7        printf(" %d %d %d\n",a,b,c);
8    }
```

2. 程序运行过程的内部错误及常用解决方法

① 数据溢出。根据数据范围确定数据类型，尤其要注意符号量与非符号量之间的赋值，以及程序计算过程中的数据溢出。

② 除零运算和负数开方。在程序中对特殊情况进行判断，并做特殊处理。比如当判断除数为零时，进行异常退出处理或进行提示。

③ 数组越界。因为编译器不检查数组越界问题，所以需要程序设计人员细心，避免出现此类错误。

④ 内存泄露。分配内存并使用完毕后需要及时收回。

⑤ 内存不足。优化算法，必要时可以考虑使用时间换空间的策略降低空间复杂度。

9.1.3　程序的测试

测试的目的是尽量发现程序中存在的问题，而不是设法证明程序正确。一般需要以下几个方面的测试：

① 按照程序要求格式准备测试数据。测试数据全范围覆盖,如果有问题,则检查算法对数据范围的要求。

② 测试边界数据,如果有问题,则检查算法对边界数据的处理。

③ 测试极端数据,如果有问题,则检查算法对极端数据的处理。

④ 测试程序运行时间,如果有问题,则优化算法时间。

⑤ 测试程序占用内存,如果有问题,则优化算法空间。

例 9 - 5 开灯问题。

有 n 盏灯,编号为 1~n,第 1 个人把所有灯打开,第 2 个人按下所有编号为 2 的倍数的开关(这些灯将被关掉),第 3 个人按下所有编号为 3 的倍数的开关(其中关掉的灯被打开,开着灯将被关闭),依此类推。一共有 k 个人,求出最后有哪些灯开着。

输入:两个整数 n 和 k,用空格分开。$k \leqslant n \leqslant 1\,000$。

输出:输出开着的灯的编号,用空格分开。

该例题程序的测试要注意:① 测试 $k=0$ 的情况(极端数据测试),此时应该是灯的原始状态;② 测试 $k=1\,000$ 的情况(边界数据测试);③ 测试 $n=1\,000$ 的情况(边界数据测试)。

9.2 精编实训题集

题 9 - 1 查找指定大小数值

输入一个正整数 n,然后输入 n 个正整数,n 个正整数中可能有重复值。如果其中存在数值第 3 大的正整数,输出该数;否则输出 0。

输入:单组数据输入,第一行输入 1 个正整数 $n(n \leqslant 50)$,表示共有 n 个正整数。第二行输入 n 个正整数,数之间由空格分隔,每个正整数均不大于 200。

输出:对于该组输入,如果存在第三大的数,输出这个数;否则输出 0。

输入样例 1	10 100 110 120 130 140 150 50 40 30 20	输出样例 1	130
输入样例 2	5 10 10 5 5 15	输出样例 2	5

题 9 - 2 位 图

给出一个大小为 n 行 m 列的矩形位图。该位图的每一个像素点不是白色就是黑色,但是至少有一个像素点是白色。在 i 行 j 列的像素点称为点 (i,j)。两个像素点 $p_1=(i_1,j_1)$ 和 $p_2=(i_2,j_2)$ 之间的距离定义如下:$d(p_1,p_2)=|i_1-i_2|+|j_1-j_2|$。现在的任务是:对于每一个像素点,计算它到最近的白色点的距离。如果它本身是白色点,距离为 0。

输入：第 1 行输入 4 个整数 n, m, x, y（用空格分割）$(1 \leqslant n \leqslant 20, 1 \leqslant m \leqslant 20)$。接下来输入 $n \times m$ 个整数，分别是代表 $(1,1)(1,2)\cdots(2,1)(2,2)\cdots$ 以此类推，如果点 (i,j) 为白色，则值为 1，否则值为 0。

输出：计算像素点 (x,y) 与最近的白色点之间的距离。如果它本身就是白色点，则距离为 0，并输出这个表示距离的整数。

输入样例	3 4 1 1 0 0 0 1 0 0 1 1 0 1 1 0	输出样例	3

题 9 - 3　时间转换问题

给定 12 小时 AM/PM 格式的时间，将其转换为军事（24 小时）时间。注意：在 12 小时格式下，午夜时间为 12:00:00AM，而在 24 小时格式下午夜时间为 00:00:00。在 12 小时格式下，中午 12 点记为 12:00:00PM，而在 24 小时格式下中午 12 点记为 12:00:00。

输入：一个包含时间格式为 12 小时制的字符串（即 hh:mm:ssAM 或 hh:mm:ssPM），其中 $01 \leqslant hh \leqslant 12$ 和 $00 \leqslant mm, ss \leqslant 59$。

输出：转换并以 24 小时格式输出给定的时间（即 hh:mm:ss），其中 $00 \leqslant hh \leqslant 23$。

输入样例	07:05:45PM	输出样例	19:05:45

题 9 - 4　切割木棍

N 根长度不相等、宽度均为 1 个单位的木棍。有一种切割操作把所有木棍中最短长度的木棍切去，并记录下切下来的木棍个数，扔掉切下的部分，重复这种切割操作，直到所有的木棍都被扔掉。需要输出每次切割下的木棍个数。

输入：第一行输入整数 N，下一行输入由空格分隔的 N 个数 A_i，分别表示 N 个木棍的长度。$(1 \leqslant N \leqslant 1\,000, 1 \leqslant A_i \leqslant 1\,000)$

输出：输出每次操作切下的木棍个数。

输入样例 1	8 1 2 3 4 3 3 2 1	输出样例 1	8 6 4 1
输入样例 2	3 2 2 2	输出样例 2	3

题 9-5 最长子序列

溜冰者 A 的面前有 n 根高度不一的冰柱,A 可以打碎一部分冰柱,使得剩余冰柱按初始顺序放在一起构成一个从左到右向下的斜坡(即任取相邻两根冰柱,左边的冰柱比右边冰柱高),A 的初始高度是他打碎一部分冰柱后的第一根柱子的高度。为了使得打碎的冰柱尽可能少,请设计程序帮 A 计算出最少需要打碎几根冰柱才能得到题目描述的斜坡。

输入:第一行输入冰柱的根数 $n(n \leqslant 20)$;第二行输入 n 个整数,表示每根冰柱的高度(高度为正数且在 int 范围内)。

输出:一个整数,表示 A 最少需要打碎的冰柱数量。

输入样例	8 213 321 123 312 299 17 8 1	输出样例	2
样例说明	A 打碎第一根和第三根冰柱,构成了一个最长斜坡。		

题 9-6 简化比例

在社交媒体上,经常会看到针对某一个观点的民意调查以及结果统计。例如,对某一观点表示支持的有 1 498 人,反对的有 902 人,那么赞同与反对的比例可以简单的记为 1 498:902。不过,如果把调查结果就以这种方式呈现出来,大多数人肯定不会满意。因为这个比例的数值太大,难以一眼看出它们的关系。对于上面这个例子,如果把比例记为 5:3,虽然与真实结果有一定的误差,但依然能够较为准确地反映调查结果,同时也显得比较直观。现给出支持人数 A,反对人数 B,以及一个上限 L,请将 $A:B$ 化简为 $A':B'$,要求在 A' 和 B' 均不大于 L 且 A' 和 B' 互质(两个整数的最大公约数是 1)的前提下,$A'/B' \geqslant A/B$ 且 $A'/B' - A/B$ 的值尽可能小。

输入:输入共一行,包含三个整数 A、B、L,整数之间用一个空格隔开,分别表示支持人数、反对人数以及上限。$1 \leqslant A \leqslant 1\,000\,000$,$1 \leqslant B \leqslant 1\,000\,000$,$1 \leqslant L \leqslant 100$,$A/B \leqslant L$。

输出:输出共一行,包含两个整数 A'、B',中间用一个空格隔开,表示化简后的比例。

输入样例	1498 902 10	输出样例	5 3

题 9-7 组合购物

糖果店里有 m 种糖,规定只能买其中的 n 种糖,设计程序计算一共有哪些组合可供选择。给出每种糖的单价,计算每种组合的价钱。

输入:第一行输入两个整数,分别为 m,$n(0 < m < 11, 0 < n \leqslant m)$;第二行,输入 m 个整数代表 m 种糖的价格,价格为正数且运算结果在 int 型范围内。

输出:每种组合输出一行,包括糖的编号组合与价格。组合按字典顺序输出。组合与价格间有一个空格。

				123 6
				124 7
				125 8
				134 8
输入样例	5 3	输出样例		135 9
	1 2 3 4 5			145 10
				234 9
				235 10
				245 11
				345 12

题 9-8　数的奇偶分解

输入一个整数 n(int 型范围内)，先输出这个整数中从前到后的每一位奇数，再输出这个数中从前到后的每一位偶数。

输入：一个整数(int 型范围内)。

输出：前 x 行(x 为输入的整数中奇数的总数)每行输出一个奇数，后 y 行(y 为输入的整数中偶数的总数)每行输出一个偶数。

			5
			7
输入样例	4576	输出样例	4
			6

题 9-9　序列等式

有一个 n 个整数组成的序列 $p(1),p(2),\cdots,p(n)$，这个序列的每个元素都不相同且 $1\leqslant p(x)\leqslant n$。对于每个 $x(1\leqslant x\leqslant n)$，找到整数 y 满足 $p(p(y))=x$。

输入：第一行包含一个整数 $n(1\leqslant n\leqslant 50)$，表示序列元素个数；第二行有 n 个整数表示 $p[i]$，$1\leqslant i\leqslant n$，$1\leqslant p[i]\leqslant 50$，每个元素都是不同的。

输出：对于从 1 到 n 的每个 x，输出一行 y，满足 $p(p(y))=x$。

			2
输入样例	3	输出样例	3
	2 3 1		1

题 9-10　下一个序列

给定一个 $1\sim n$ 的序列，计算按字典序排列的下一个更大的 $1\sim n$ 序列。如 $1\sim 3$ 有以下 6

个序列：

    １２３

    １３２

    ２１３

    ２３１

    ３１２

    ３２１

其中，２１３按字典序排列下一个更大的序列就是２３１。特别地，如果给定的序列是按字典序排列的最大的序列，则输出按字典序排列的最小的序列，例如：给定３２１时应该输出１２３。

输入：第一行一个整数 n（$1 \leqslant n < 100\ 000$）；第二行 n 个整数，为 $1 \sim n$ 的一个序列。

输出：一行 n 个整数，整数间由空格分隔，为按字典序排列的下一个更大的序列。

输入样例	3 ２１３	输出样例	２３１

题 9 - 11　图片光滑处理

一种使照片光滑的方法：输入的图片是灰度图（二维矩阵），光滑就是指将图片的灰度分布变得更为平均，也就是说，二维矩阵中每一个元素代表一个灰度值，这个值应当重新设置为周围 8 个灰度值加上本身再取其平均值。如果是边元素，应该为周围 5 个灰度值加上本身再取其平均值。如果是角元素，则是周围 3 个灰度值加上本身再取其平均值。输出光滑的图片。

输入：第一行数为数据组数 n，表示图片是 $n \times n$ 的矩阵（$0 < n \leqslant 100$）；接下来 n 行，每行 n 个整数，表示图片中像素的灰度值。

输出：一个二维矩阵，即光滑的图片，图片中的各元素向下取整。

输入样例	3 １１１ １０１ １１１	输出样例	０００ ０００ ０００

题 9 - 12　排队接水

n 个人一起排队接水，第 i 个人需要 $a[i]$ 的时间来接水，其中 $1 \leqslant n \leqslant 1\ 000, 1 \leqslant a[i] \leqslant 1\ 000$。已知同时只能有一个人接水，正在接水的人和没有接水的人都需要等待。完成接水的人会立刻离开，不会继续等待。你可以决定所有人接水的顺序，并希望最小化所有人的等待时间。

输入：第一行一个整数 n。接下来 n 行，每行一个整数表示 $a[i]$。

输出：一行一个整数，表示所有人等待时间总和的最小值。

输入样例	3 1 2 3	输出样例	10

题 9－13　公共前缀搜索

IDE 优秀的代码补全功能每天可节省大量的写代码的时间。实现该功能时,首先要寻找字符串的公共前缀,请设计程序解决这个问题。

输入:共 $n+1$ 行,第一行是一个整数 $n(0<n\leqslant 10)$,接下来的 n 行,每行一个字符串,只由大写字母和小写字母组成。

输出:一行,所有输入字符串的公共前缀部分,若没有公共前缀,则输出 None。例如,要判断的字符串为"abv""abbbbbbbb""abcde",则输出为"ab"。注意:本题不区分大小写字母,最后输出一律转换为小写,也就是说,要判断的字符串为"Abv""aBbbbbbbb""abcde"时,输出为"ab"。

输入样例	3 field fIll FIbonacci	输出样例	fi

9.3　题集解析及参考程序

题 9－1解析　查找指定大小数值

问题分析:本题主要考查排序,基本解题思路是,首先将输入的数据按从大到小排序,然后找到排序后第三大的数字,如果输入的数据存在重复值,则需要删除重复值。这样剩下的数据个数如果大于等 3,则排在第三位的数即为第三大数;否则说明无第三大数据。

实现要点:可选用的排序方法有多种,比如冒泡排序、选择排序、快速排序等,该参考题解通过调用快速排序函数 qsort()实现(见代码第 14 行);然后通过遍历排序后的数组,依次删除重复元素,并构建一个新的有序数组(见代码第 16～23 行);最后输出第 3 个元素,即为输出值,参考代码片段如下。另外一种思路为,针对排序后的数据,直接从最大值到最小值按顺序遍历的过程中,记录不同数据的个数,当出现第 3 个不同值时输出。当排除重复值后剩下的数据个数小于 3 时,表明不存在第三大数据,输出 0 即可。

```
1    #define MAX 51
2    int cmp(const void * a,const void * b)//定义快速排序的比较函数
3    {
4        return * (int * )b- * (int * )a;
```

```
5        }

6      int main()
7      {
8            int N,cost[MAX],i,j,costfinal[MAX];
9            scanf("%d",&N);
10           for(i=0; i<N; i++)
11           {
12               scanf("%d",&cost[i]);
13           }
14           qsort(cost,N,sizeof(cost[0]),cmp);//排序
15           j=1;
16           costfinal[0]=cost[0];//去掉重复元素后组成一个新数组 costfinal
17           for(i=1; i<N; i++)
18           {
19               if(cost[i]! =cost[i-1])
20               {
21                   costfinal[j]=cost[i];
22                   j++;
23               }
24           }
25           if(j>=3)//如果新数组 costfinal 元素个数大于等于 3,则有第三大数字,直接输出
26           {
27               printf("%d",costfinal[2]);
28           }
29           else
30           {
31               printf("0");
32           }
33           return 0;
34     }
```

题 9 - 2 解析   位   图

问题分析: 本题主要考查二维数组。采用二维数组输入存储 n 行 m 列的位图数据,再循环遍历每个数组元素,判断其是否为白点,如果是,则计算点 (x,y) 与其之间的距离。通过遍历所有数组元素,找到距离最小的值输出即可。

实现要点: 实现要点是二维数组的遍历、距离的求解以及寻找最小距离值。在二维数组遍历时需要用双重循环(如代码第 9 和 10 行,以及第 12 和 13 行)。距离的求解根据题目给出的距离定义公式即可,其中绝对值可采用标准库函数 abs()。注意:每次计算的距离结果与当前最小的结果对比,然后进行更新,最后得到的即为最小距离值(见代码第 14 和 15 行)。具体参考代码如下:

```
1      # include <stdio.h>
2      # include <math.h>
```

```
3      int a[25][25];
4      int main()
5      {
6          int i,j,x,y,n,m,ans;
7          scanf("%d%d%d%d",&n,&m,&x,&y);
8          ans = n * m;
9          for(i = 1; i < = n; i ++ )
10             for(j = 1; j < = m; j ++ )
11                 scanf("%d",&a[i][j]);
12         for(i = 1; i < = n; i ++ )
13             for(j = 1; j < = m; j ++ )
14                 if(a[i][j] == 1 && ans >(abs(x - i) + abs(y - j)))//如果(i,j)是白点,则计算距离
15                     ans = abs(x - i) + abs(y - j);
16         printf("%d\n",ans);
17         return 0;
18     }
```

题 9 - 3 解析　时间转换问题

问题分析：本题主要考查字符串处理。通过分析题意可知,读入的 12 小时格式和 24 小时格式的字符串只需要修改前两位并删除后两位的 AM/PM 就可以完成时间的转换。

实现要点：对于删除字符串后两位的操作,可以将倒数第二位置为字符串结束符 '\0'。修改前两位时可以分三种情况:第一种是 AM 时间或中午 12 点,则前两位不需要修改;第二种是午夜 12 点,前两位修改为 00(见代码第 7~11 行);其他情况(即 PM 时间),则第一位加 1,第二位加 2(见代码第 15~19 行)。参考代码片段如下:

```
1      void timeConversion(char * s)
2      {
3          int len = strlen(s);
4          s[len - 1] = '\0';
5          if(s[len - 2] == 'A')//判断是 AM 时间
6          {
7              if(s[0] == '1' && s[1] == '2')//午夜 12 点,前两位修改为 00
8              {
9                  s[0] = '0';
10                 s[1] = '0';
11             }
12         }
13         else
14         {
15             if(s[0]! = '1' || s[1]! = '2')//PM 时间,第一位加 1,第二位加 2
16             {
17                 s[0] + = 1;
18                 s[1] + = 2;
```

```
19            }
20        }
21        s[len - 2] = '\0';
22    }
23    int main()
24    {
25        char s[20];
26        scanf(" % s",s);
27        timeConversion(s);
28        printf(" % s",s);
29    return 0;
30    }
```

题 9 - 4 解析　切割木棍

问题分析：本题可考虑两种解决方法。方法一，比较直观，将所有木棍长度用数组存储，每次输出当前长度非 0 的木棍个数，然后把最短的木棍去掉后更新木棍数量；方法二，每次切割都会割掉所有长度最小的木棍，所以可以考虑每次减去当前长度最小的木棍个数后输出。

实现要点：对于方法一，在输出一次木棍数量后，通过循环遍历，找到剩余所有木棍的最短长度（见代码第 16～18 行），然后去掉最短的木棍，并更新剩余木棍数量（见代码第 19 和 20 行）；对于方法二，可以利用木棍长度作为数组下标，数组元素存储的值为对应长度的木棍数量（见代码第 10 行）。然后从小到大遍历数组，数组元素不为零时，则代表有相应长度木棍，每次循环输出后，减掉该次最短长度木棍的数量（见代码第 12～17 行）。参考代码如下：

方法一：

```
1    # include <stdio. h>
2    int arr[1001];
3    int main()
4    {
5        int n,i,size,min;
6        scanf(" % d",&n);
7        for(i = 0; i<n; i ++ )
8        {
9            scanf(" % d",&arr[i]);
10        }
11        size = n;
12        while(size ! = 0)
13        {
14            printf(" % d\n",size);
15            min = 1 << 10;
16            for(i = 0; i<n; i ++ )//遍历,找到所有木棍的最短高度
17                if(arr[i]! = 0 && arr[i]<min)
18                    min = arr[i];
19            for(i = 0; i<n; i ++ )
```

```
20              size - = (arr[i]! = 0 &&(arr[i] = arr[i] - min) == 0);//去掉最短木棍,并更新
    数量
21          }
22          return 0;
23  }
```

方法二：

```
1   # include <stdio.h>
2   int arr[1001];
3   int main()
4   {
5       int n,i,len;
6       scanf("% d",&n);
7       for(i = 0; i<n; i ++)
8       {
9           scanf("% d",&len);
10          arr[len] ++ ;//木棍的高度作为数组下标,则每一个数组存储对应高度木棍的数量
11      }
12      for(i = 1; i <= 1000; i ++)//从小到大遍历,数组元素不为零时,则代表有相应高度的木棍
13          if(arr[i])
14          {
15              printf("% d\n",n);
16              n - = arr[i];//每次循环输出后,减掉该次最短高度木棍的数量
17          }
18      return 0;
19  }
```

题 9 - 5 解析　最长子序列

问题分析：本题主要考查数组和排序的综合应用。该题主要涉及最长降子序列,作为一类经典的题目,类似问题还可能有最长升子序列,或者最长不升(不降)子序列。无论是按字母顺序或者按数字顺序,解题思路都应该是一样的。用动态规划,划分为子问题,即每个元素当前位置之前的最长子序列加上它自身的值就是当前的最长子序列长度。

实现要点：算法的核心思想就是要找到当前位置元素之前的每个元素对应的最长下降/上升子序列的最大值,然后将它加 1,就等于当前位置的子序列长度值了。更新过程通过两次遍历实现。参考代码片段如下：

```
1   # include <stdio.h>
2   int data[21],f[21];
3   int main()
4   {
5       int i,j,n,longest = 0;
6       scanf("% d",&n);
7       for(i = 1; i <= n; i ++)
8           scanf("% d",&data[i]);
```

```
9        for(i = 1; i < = n; i++)
10       {
11           f[i] = 1;
12           for(j = 1; j < i; j++)
13               if(data[i] < data[j] && f[j] + 1 > f[i]) //动态规划更新决策的过程
14                   f[i] = f[j] + 1;
15       }
16       for(i = 1; i < = n; i++)
17           longest = longest > f[i]? longest : f[i];
18       printf(" % d", n - longest);
19       return 0;
20   }
```

注意：可以考虑利用二分法来求最长上升(下降)子序列。用一个数组 a 存上升子序列，当输入的数比数组 a 的最后一个值还要大的时候，那么直接把这个数增加到数组后面；否则利用二分法寻找比它大(小)的最接近的数替换，最后数组 a 的长度就是最长上升子序列的长度。值得注意的是，这样不能将原序列正确输出，因为中间会出现替换。

题 9 - 6 解析　简化比例

问题分析：根据题目条件，上限 L 的范围很小，采用两重循环进行枚举即可。再判断 gcd(i, j) 为 1 时，满足题目条件的值。

实现要点：函数 gcd() 通过辗转相除法求解最大公约数；然后通过判断最大公约数是否为 1，判断是否互质；而后通过双重循环进行枚举，找出所有符合条件的解；最后找出最小的误差。建议在代码实现时，① 使用乘法代替除法比较两个分数的大小；② 与当前答案比较大小而不是直接按题意取 $\dfrac{A'}{B'} - \dfrac{a}{b}$ 最小。参考代码片段如下：

```
1    int gcd(int a, int b);
2    int main()
3    {
4        int A, B, L, a = 0, b = 0;
5        int i, j;
6        scanf(" % d % d % d", &A, &B, &L);
7        for(i = 1; i < = L; i++)//数据量不大,穷举法
8            for(j = 1; j < = L; j++)
9                if(gcd(i, j) == 1)
10                   //在 i / j > = A / B 的基础上,取 i / j 尽量小,以满足 i / j - A / B 尽量小
11                   if(B * i > = A * j && i * b < = j * a)
12                       a = i, b = j;
13       printf(" % d % d", a, b);
14       return 0;
15   }

16   int gcd(int a, int b)
```

```
17  {
18      int temp;
19      while(a % b)//辗转相除法求解最大公约数
20      {
21          temp = a % b;
22          a = b;
23          b = temp;
24      }
25      return b;
26  }
```

题 9-7 解析　组合购物

问题分析：本题主要考查对排列组合进行字典序遍历。其最大的难点是排列组合的设计和表示，根据其重叠子问题的特点可以定义一个递归性质的函数进行求解。

实现要点：排列组合算法的实现可以通过函数 Comb(k,i) 进行（见代码第 14～28 行）。Comb(k,i) 表示有前 k 个元素已经定位，需要从第 i 个元素重新开始排列组合，已知 Comb 的初始状态始终是 (0,1)。另外，需要用一个数组 used 来记录已经选过的元素，用 output() 函数打印。

举例解释，当 $m=4$，$n=2$ 时，初始状态是 (0,1)，之后函数的 for 循环会依次遍历 (k,j)＝(0,2),(0,3),(0,4) 作为 Comb 的参数。而在这每一次遍历中会通过简单的递归来输出从第 j 个元素开始排列得到的组合。初始状态 (0,1) 经过 Comb 的递归设计最终会输出 12、13、14 三种组合，(0,2) 经过 Comb 的递归设计最终会输出 23、24 两种组合，其余同理。参考代码片段如下：

```
1   int used[11],price[11],m,n;
2   void output()
3   {
4       int i,sum = 0;

5       for(i=1; i <= m; i++)
6           if(used[i])
7           {
8               putchar('0' + i);
9               sum += price[i-1];
10          }
11      printf(" %d",sum);
12      putchar('\n');
13  }
14  void comb(int k,int i)
15  {
16      int j;
17      if(k == n)          //设置递归终止条件
```

```
18          {
19              output();
20              return;
21          }
22          for(j = i; j <= m; j++)
23          {
24              used[j] = 1;
25              comb(k + 1, j + 1);
26              used[j] = 0;//需要将 used[j]值还原,因为之后的组合可能需要使用第 j 种糖
27          }
28      }
29      int main(int argc, char * argv[])
30      {
31          int j;
32          scanf("%d%d", &m, &n);
33          for(j = 0; j < m; j++)
34          {
35              scanf("%d", &price[j]);
36          }
37          comb(0, 1);
38      }
```

题 9 - 8 解析　数的奇偶分解

问题分析：本题主要考查基本循环和一维数组的应用。需要解决两个问题,一是把整数的每一位都读出来;二是判断奇偶。其中还需要注意的一点是需按从高位到低位依序输出。

实现要点：一个整数的每一位可通过循环交替除以 10 和对 10 取余得到。得到的每一位可储存在一个数组中。统计完毕后,为了维持从高位到低位的输出顺序,需要逆序遍历该数组元素,然后通过对 2 取余判断奇偶,然后直接输出即可。参考代码片段如下:

```
1   #include <stdio.h>
2   int a[110];
3   int main()
4   {
5       int n, i;
6       int len = 0;
7       scanf("%d", &n);
8       while(n > 0)
9       {
10          a[len++] = n % 10;
11          n /= 10;
12      }
13      for(i = len - 1; i >= 0; i--)
14          if(a[i] % 2)
```

```
15              printf("% d\n",a[i]);
16       for(i = len - 1; i >= 0; i -- )
17            if(! (a[i] % 2))
18                printf("% d\n",a[i]);
19       return 0;
20   }
```

题 9 - 9 解析　序列等式

问题分析：本题主要考查数组综合应用,当求 $p(y)=x$ 时,意味着要根据元素找到它的下标。因为每个元素都是不同的且范围有限,所以可以对元素建立一个 hash 数组来查找下标。

实现要点：hash 数组的实现需要注意它的 key、value 的确定。其中,key 代表的是数组元素,而 value 代表的是该元素在 p() 对应的下标。明确了这点,求满足 $p(p(y))=x$ 的 y 就相当于求 hash(hash(x))。参考代码片段如下：

```
1    # include <stdio.h>
2    int main()
3    {
4        int n,i,p,hash[55];
5        scanf("% d",&n);
6        for(i = 1; i <= n; i ++ )
7        {
8            scanf("% d",&p);
9            hash[p] = i;
10       }
11       for(i = 1; i <= n; i ++ )
12       {
13           printf("% d\n",hash[hash[i]]);
14       }
15       return 0;
16   }
```

题 9 - 10 解析　下一个排列

问题分析：本题考查综合知识,其中关键点是明确在什么情形下需要改变数组元素。可以利用双指针来实现。

实现要点：定义一个数组 a[n],存放由 n 个整数组成的序列。实现主要思路：① 首先找到一个最大的数组下标 k,满足 $a[k] \geqslant a[k+1]$(见代码第 25 和 26 行),显然,一旦找到这样的 $k(k \geqslant 0)$,说明 $a[k+1]>a[k+2]>a[n-1]$(其中 n 为数组元素的个数,这里只考虑所有元素都不相同的情况),即从数组下标 k 开始到数组下标 $n-1$(即数组最大下标)的这些元素是呈递减排列的。② 如果找不到满足 $a[k] \geqslant a[k+1]$ 的 k,则说明数组的所有元素都已经呈递减排列,即数组元素是按字典序排列的最大序列,需要将其进行逆置翻转即可得到下一个序列(即按字典序排列的最小序列,见代码第 27 和 28 行);③ 如果找到了满足 $a[k] \geqslant a[k+1]$ 的

k,则再找到一个最大的数组下标 l,使用 $a[k] < a[l]$(见代码第 32 和 33 行);④ 交换 $a[k]$ 和 $a[l]$(见代码第 34 行);⑤ 翻转 $a[k]$ 后面所有的元素,即翻转 $a[k+1]$ 到 $a[n-1]$(见代码第 35 行)。具体参考代码片段如下:

```
1    int i,n,k,l,a[100005];
2    void swap(int * a,int * b)
3    {
4        int t;
5        t = * a;
6        * a = * b;
7        * b = t;
8    }

9    void reverse(int a[],int l,int r)    //完成指定数组的翻转
10   {
11       int t;
12       while(l<r)
13       {
14           swap(&a[l],&a[r]);
15           l++;
16           r--;
17       }
18   }

19   int main()
20   {
21       scanf("%d",&n);
22       for(i=0; i<n; i++)
23           scanf("%d",&a[i]);
24       k=n-2;
25       while(a[k]>=a[k+1])
26           k--;
27       if(k==-1)
28           reverse(a,0,n-1);
29       else
30       {
31           l=n;
32           while(a[k]>=a[l])
33               l--;
34           swap(&a[k],&a[l]);
35           reverse(a,k+1,n-1);
36       }
37       for(i=0; i<n; i++)
38           printf("%d ",a[i]);
39       return 0;
40   }
```

题 9 - 11 解析　图片光滑处理

　　问题分析：本题主要考查二维数组的操作。需要注意的一点是分类计算。如果是边元素，应该为周围 5 个灰度值加上本身的平均；如果是角元素，则是周围 3 个灰度值加上本身的平均。注意：$n = 1$ 时需要特别考虑。

　　实现要点：在编程实现时，通过定义一个至少为 $n + 2$ 行 $n + 2$ 列的二维数组，并将数组元素都初始化为 0。将输入的图片存放在除了第 1 行、第 1 列、第 $n + 2$ 行和第 $n + 2$ 列外的区域，即保证该数组存放题目要求的图片后，在图片的上、下、左、右四个边缘各至少有一行（或一列）数组元素值为 0。这样，针对图片的每一个元素将其本身与周围 8 个元素相加求和，得到 sum。然后通过 if—else 语句来判断边界条件。如果是边元素，则 sum/5；如果是角元素，则 sum/4；否则为 sum/9。此外，注意：$n = 1$ 为特殊情况，直接输出即可。参考代码片段如下：

```
1    int a[102][102];
2    int main()
3    {
4        int n,i = 0,j = 0,sum = 0,b;
5        scanf("%d",&n);
6        for(i = 1; i <= n; i++)
7        {
8            for(j = 1; j <= n; j++)
9            {
10               scanf("%d",&a[i][j]);
11           }
12       }
13       if(n == 1)//特殊情况,单独处理
14       {
15           printf("%d",a[1][1]);
16           return 0;
17       }
18       for(i = 1; i <= n; i++)
19       {
20           for(j = 1; j <= n; j++)
21           {
22               sum = (a[i-1][j-1] + a[i-1][j] + a[i-1][j+1] + a[i][j-1] + a[i][j] + a
                     [i][j+1] + a[i+1][j-1] + a[i+1][j] + a[i+1][j+1]); //sum 是 9 个
                     数之和
23               if((i == 1 && j == 1) || (i == 1 && j == n) || (i == n && j == 1) || (i == n && j
                     == n)) //判断是否为角
24                   b = sum / 4;
25               else if((i == 1 && j != 1 && j != n) || (j == 1 && i != n && i != 1) || (i == n
                     && j != 1 && j != n) || (i != n && j == n && i != 1))//是否为边
26                   b = sum / 6;
27               else//不是边,也不是角的元素
```

```
28              b = sum / 9;
29          printf(" % d ",);
30          }
31          printf("\n");
32      }
33      return 0;
34  }
```

题 9-12 解析　排队接水

问题分析：本题主要考查数组综合应用以及简单算法的应用。对题目进行简单分析，发现接水的时候所有人都需要等待，所以解题思路是让时间短的先接水，这是贪心算法的应用。

实现要点：本题需要注意等待时间包括等待别人接水的时间和自己接水花费的时间。先利用冒泡排序按照时间花费整理数组，然后使用一个简单的 for 循环累计等待时间即可。参考代码片段如下：

```
1   int n,a[1020];
2   void swap(int * a,int * b)
3   {
4       int t;

5       t = * a;
6       * a = * b;
7       * b = t;
8   }

9   void bubble_sort(int x[],int n) //采用冒泡法按升序排列数组
10  {
11      int i,j;
12      for(i = 0; i<n-1; i++)
13          for(j = 0; j<n-1-i; j++)
14              if(x[j]>x[j+1])
15                  swap(x+j,x+j+1);
16  }

17  int main()
18  {
19      int i,s = 0;
20      scanf(" % d",&n);
21      for(i = 0; i<n; i++)
22      {
23          scanf(" % d",&a[i]);
24      }
25      bubble_sort(a,n);
26      for(i = 0; i<n; i++)
```

```
27      {
28          s + = a[i] * (n - i);
29      }
30      printf(" % d\n",s);
31      return 0;
32  }
```

题 9 - 13 解析　公共前缀搜索

问题分析：本题主要考查字符串操作。根据题目要求设定好数据范围，将读入的第一个字符串作为基准字符串，再根据 n 的值依次读入其余字符串，全部转换为小写后，先取二者长度较小的值作为最大长度，然后从字符串开头进行字符匹配。将匹配结果作为新的基准字符串进行下次匹配。

实现要点：采用嵌套循环，先用 for 循环比较 $1 \sim n$ 个字符串，记录基准字符串长度 min，再使用 while 循环对使用 tolower() 函数转换为小写的基准字符串与当前字符串各字符进行比较，最后补齐字符串结束标志'\0'，并根据 min 的值进行输出（n 为 1 时输出原字符串）。参考代码片段如下：

```
1   int n,i,j,min;
2   char result[21],input[21];
3   scanf(" % d",&n);
4   scanf(" % s",result);
5   min = strlen(result);
6   for(i = 1; i<n; ++ i)
7   {   j = 0;
8       scanf(" % s",input);
9       if(strlen(input)<min)
10          min = strlen(input);
11      while(j<min && tolower(result[j]) == tolower(input[j]))
12          j ++ ;
13      min = j;
14  }
15  result[min] = '\0';
16  for(i = 0; i<min; ++ i)
17      result[i] = tolower(result[i]);
18  printf(" % s\n",min == 0 ? "None" : result);
```

9.4　本章小结

本章基本涵盖 C 语言程序设计中的全部知识点，包括程序的顺序、循环和分支结构，以及函数、数组和指针等内容。重点训练运用综合知识点进行 C 语言程序设计的基本流程，提升分析程序性能以及调试和测试程序的能力。通过本章例题及题集的学习和练习，将有助于提升 C 语言程序设计的综合能力。

参考文献

［1］尹宝林.C程序设计导引［M］.北京：机械工业出版社,2013.

［2］Kernighan B W,Ritchie D M.C程序设计语言［M］.2版.徐宝文,李志,译.北京：机械工业出版社,2019.

［3］颜晖,张泳.C语言程序设计实验与习题指导［M］.4版.北京：高等教育出版社,2020.

［4］孟爱国,彭进香.C语言程序设计实验实训教程［M］.北京：北京大学出版社,2018.

［5］苏小红,王宇颖.C语言程序设计［M］.北京：高等教育出版社,2011.

［6］武建华,邱桔,严冬松.C语言程序设计实验教程［M］.北京：清华大学出版社,2018.

［7］张小峰,宋丽华,解辉.C语言程序设计习题集与实验指导［M］.北京：清华大学出版社,2015.

［8］许真珍,蒋光远,田琳琳.C语言课程设计指导教程［M］.北京：清华大学出版社,2016.

［9］梁海英,陈振庆,张红军,等.C语言程序设计［M］.2版.北京：清华大学出版社,2020.

［10］潘玉奇,蔺永政.程序设计基础(C语言)习题集与实验指导［M］.2版.北京：清华大学出版社,2014.